Labels d'efficacité énergétique

HQE, BBC-EFFINERGIE, MAISON PASSIVE, RT 2005/2012, QUALITEL

PASCALE MAES

Labels d'efficacité énergétique

HQE, BBC-EFFINERGIE, MAISON PASSIVE, RT 2005/2012, QUALITEL

EYROLLES

Éditions Eyrolles
61, bd Saint-Germain
75240 Paris Cedex 05
www.editions-eyrolles.com

TABLE DES MATIÈRES

3. Les labels Passivhaus, Minergie et Effinergie   31

6. Diagnostic de performance énergétique   101

Exemples d'opérations certifiées ou labellisées   111

*Nous n'héritons pas de la terre de nos parents,
nous l'empruntons à nos enfants.*

Antoine de Saint-Exupéry

Avant-propos

Aujourd'hui, la qualité environnementale et l'efficacité énergétique occupent une place de plus en plus importante dans les domaines du bâtiment et de l'immobilier, que ce soit en construction neuve ou en rénovation.

De fait, depuis les années 1980, des labels, des normes, des certifications, des démarches, des référentiels foisonnent au niveau national, européen et mondial.

Ce guide pratique permet de faire la lumière sur les principaux labels et certifications en vigueur, en France, pour chaque type de bâtiment afin d'en comprendre les enjeux et les applications. Ainsi, l'ouvrage a pour but de répondre aux questions suivantes : Quel est l'intérêt pour un maître d'ouvrage d'investir dans ce type de démarche qualitative ? À qui s'adressent ces différents labels et certifications ? Quelles sont les particularités de chacun d'entre eux ? Dans quelle mesure une certification ou un label est-il environnemental ou simplement énergétique ? Pourquoi un futur acquéreur ou locataire a-t-il intérêt à opter pour un logement ou un bâtiment certifié ou labellisé ? Quelles sont les garanties de la fiabilité de ces certifications et labels ? Quelle est la démarche à suivre ?

Après avoir présenté le contenu des référentiels de chaque certification et label, ainsi que les différents niveaux d'exigences pouvant être atteints, un chapitre présente des exemples d'opérations récentes certifiées ou labellisées, tels que le Centre hospitalier sud-francilien, la première maison passive en Île-de-France, un immeuble de bureau à énergie positive, un lycée certifié démarche HQE, etc.

LES ENJEUX

L'action en faveur du développement durable a pour objectif de préserver la planète pour les générations futures. Construire des bâtiments respectueux de l'environnement intérieur, qui va être créé, et de l'environnement extérieur, dans lequel ils vont s'intégrer, permet de s'inscrire activement dans une démarche de développement durable.

Ainsi, un bâtiment « durable » tend à préserver la santé des occupants et à optimiser la qualité des ambiances et du confort (hygrothermique, visuel et acoustique). Vis-à-vis de l'extérieur, un tel bâtiment est conçu pour maîtriser les impacts sur l'environnement afin de préserver le paysage, les écosystèmes, les ressources en eau, en énergie et en matières premières, le site lui-même et les riverains.

Un bâtiment durable doit être pensé « du berceau à la tombe ». Par exemple, les matériaux doivent bien entendu être choisis en fonction de leurs qualités intrinsèques, mais aussi de l'énergie grise consommée pour l'extraction des ressources, pour leur fabrication et pour leur transport. Privilégier les filières locales est un des critères du développement durable car les aspects environnementaux, économiques et sociaux propres à une région sont ainsi mieux pris en compte.

La qualité environnementale des bâtiments

La première application d'une démarche de Haute qualité environnementale (HQE) des constructions a été initiée en 1993, par le Plan construction architecture dans le cadre du programme Écologie et Habitat. L'objectif était d'intégrer les enjeux de la protection de l'environnement et de la santé au secteur du bâtiment, ce qui impose d'assurer un management environnemental des opérations de construction.

Une démarche HQE vise à satisfaire trois exigences complémentaires : l'obtention d'un environnement intérieur sain et confortable pour les occupants ; la maîtrise des impacts du bâtiment sur son environnement extérieur ; la préservation des ressources naturelles grâce à l'optimisation de leur utilisation. Elle participe également de la priorité actuelle de maîtrise des consommations d'énergie et des émissions de gaz à effet de serre, en intégrant dès les études des seuils de performances énergétiques.

Pour encadrer la mise en œuvre d'une qualité environnementale des bâtiments, la démarche HQE propose une approche globale et transversale en amont, et se décline selon une grille de 14 cibles regroupées en quatre groupes d'objectifs : l'écoconstruction, l'écogestion, la santé, le confort (voir p. 14 et 15). Ces 14 cibles ont des implications sur toutes les phases du processus de création et de production d'un bâtiment. L'aspect conventionnel de cette grille n'est pas toujours adapté à la pratique quotidienne de la construction, mais elle représente cependant un outil de base, notamment pour les certifications validant la qualité environnementale des bâtiments. L'application d'une démarche HQE est, de toute façon, toujours une affaire de compromis, dans laquelle le maître d'ouvrage doit s'impliquer. Aujourd'hui, la démarche HQE se déploie, au-delà des 14 cibles (voir p. 14), au développement durable, en prenant en compte le territoire, le paysage, le quartier, les transports, etc.

La qualité énergétique des bâtiments

L'enjeu lié à la diminution des consommations d'énergie dans le secteur du bâtiment est tout d'abord écologique : il s'agit de réduire les émissions de gaz à effet de serre pour protéger la planète contre le changement climatique. En France, le secteur du bâtiment consomme environ 43 % de l'énergie finale (31 % pour les transports) et contribue pour près d'un quart aux émissions nationales de gaz à effet de serre (voir p. 9). Cette priorité donnée à la maîtrise des consommations d'énergie est associée à deux autres enjeux majeurs, l'un énergétique, la préservation des réserves mondiales d'énergies fossiles, en forte baisse, l'autre économique, le renforcement du pouvoir d'achat par la diminution des charges liées aux consommations d'énergie.

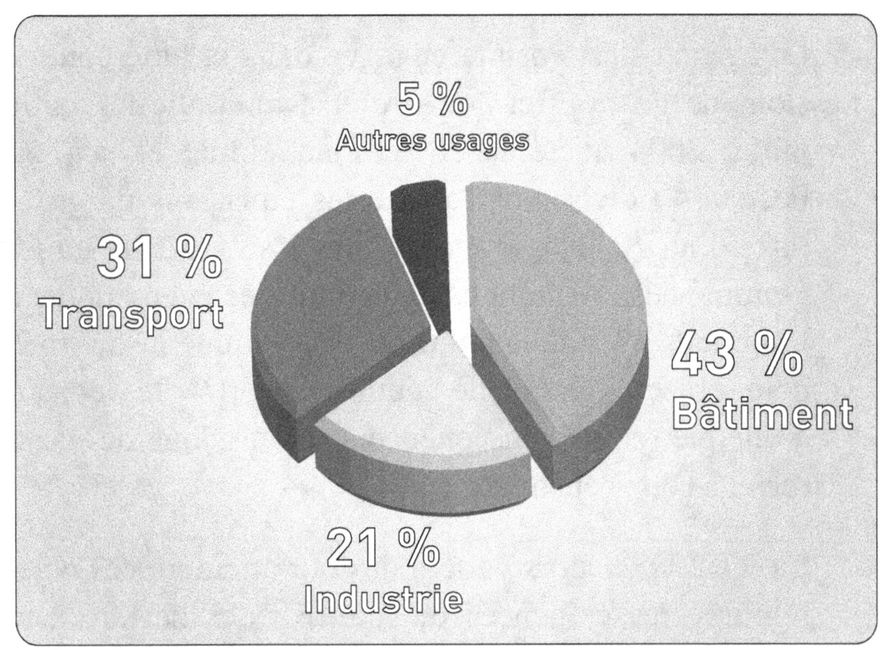

Répartition de la consommation d'énergie
par secteur d'activité

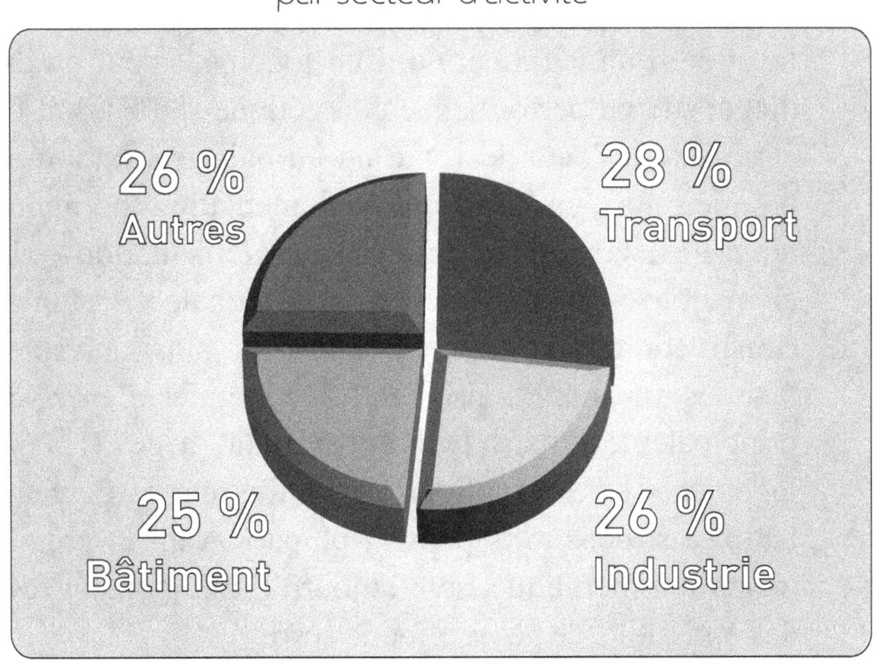

Répartition des émissions de gaz à effet de serre
par secteur d'activité

Suite au Sommet de la Terre à Rio en 1992, le protocole de Kyoto en 1997 a fixé au niveau international des objectifs de réduction des émissions de gaz à effet de serre ainsi qu'un calendrier à un niveau international, et la directive européenne « Efficacité énergétique » en 2002 au niveau européen.

La France s'est ensuite engagée dans la lutte contre les émissions de gaz à effet de serre et a multiplié les initiatives. En juillet 2004 a été lancé le Plan climat et son objectif dit Facteur 4 : diviser par quatre les émissions de gaz à effet de serre d'ici 2050 en France. L'année suivante, la loi POPE, Programme des orientations de la politique énergétique, définissait les grands axes de la politique énergétique jusqu'en 2020, avec pour objectif global de réduire de 30 % les consommations d'énergie, et en conséquence les émissions de gaz à effet de serre, à cette échéance.

La RT 2005 a alors vu le jour pour atteindre ces objectifs. Elle renforce les exigences de maîtrise des besoins énergétiques dans le tertiaire et le résidentiel neufs. Depuis 2006, les fournisseurs d'énergie ont l'obligation de réaliser des économies d'énergie, qui sont comptabilisées sous forme de certificats d'économie d'énergie. Depuis 2007, lors de la vente ou de la location d'un bâtiment ou d'un logement neuf ou existant, un diagnostic de performance énergétique (DPE) doit être réalisé et annexé à l'acte de vente ou au bail de location. Et pour la première fois, en 2007, une réglementation thermique applicable à l'existant a été publiée : la réglementation « élément par élément » ou la réglementation « globale », selon la date de construction et la surface du bâtiment, ainsi que selon le montant des travaux. Le gisement d'économies d'énergie se trouve principalement dans le parc existant, avec 31,3 millions de logements et 875 millions de mètres carrés de bureaux. Ces bâtiments, construits pour la plupart avant la première réglementation thermique, sont aujourd'hui largement responsables des émissions de gaz à effet de serre.

Le Grenelle de l'environnement

L'objectif affiché du Grenelle de l'environnement est vaste : créer les conditions favorables à l'émergence d'une nouvelle donne française en faveur de l'écologie, du développement et de l'aménagement dans une perspective durable.

Les propositions ont été élaborées au sein de six groupes de travail ayant chacun des objectifs précis.

1 – Lutter contre les changements climatiques et maîtriser la demande énergétique.

2 – Préserver la biodiversité et les ressources naturelles.

3 – Instaurer un environnement respectueux de la santé.

4 – Adopter des modes de production et de consommation durables.

5 – Construire une démocratie écologique.

6 – Promouvoir des modes de développement écologiques favorables à l'emploi et à la compétitivité.

Le groupe de travail n° 1, « Lutter contre les changements climatiques et maîtriser la demande énergétique », s'est organisé en quatre tables rondes :

▶ moderniser le bâtiment et la ville ;

▶ efficacité énergie et carbone ;

▶ urbanisme et gouvernance territoriale ;

▶ mobilité et transports.

Suite aux propositions émanant de ce groupe de travail axé sur l'environnement et la maîtrise de l'énergie appliqués au bâtiment, le Grenelle de l'environnement a instauré un programme de rupture dans le neuf : le niveau Bâtiment basse consommation (BBC), qui correspond à des bâtiments consommant moins de 50 kWh/m^2.an, doit s'appliquer à toutes les constructions neuves à compter de la fin 2012, et, par anticipation, à toutes les constructions de bâtiments publics et tertiaires à partir de fin

2010. L'objectif est de construire, à partir de 2020, des Bâtiment à énergie positive (BEPOS), soit une consommation d'énergie des bâtiments inférieure à la quantité d'énergie qu'ils produisent à partir de sources renouvelables. Ils assurent leurs propres besoins, et l'énergie non consommée alimente d'autres bâtiments ou est réinjectée dans le réseau.

La mise en œuvre à grande échelle de travaux de rénovation thermique se trouvant au cœur des enjeux de la lutte contre le réchauffement climatique, le Grenelle de l'environnement a également adopté l'idée d'un chantier sans précédent de rénovation thermique des bâtiments existants. L'objectif est de réduire globalement leur consommation d'énergie de 38 % d'ici à 2020. L'État et les collectivités territoriales, en particulier, sont invités à engager un programme de rénovation énergétique de leurs bâtiments d'ici 2012. L'ensemble du parc de logements sociaux devra être rénové d'ici 2020, en commençant par les 800 000 logements sociaux les plus « énergivores ». Et, afin de permettre une rénovation énergétique accélérée du parc résidentiel privé existant, des actions spécifiques, incluant notamment un ensemble d'incitations financières, sont mises en œuvre.

L'enjeu des certifications et labels

L'obtention d'une certification et/ou d'un label est une démarche volontaire engagée par un maître d'ouvrage ou un promoteur qui souhaite faire contrôler et reconnaître la qualité de ses constructions ou réhabilitations. Ces différents labels et certifications sont des indicateurs, pour un futur acquéreur ou locataire, en termes de confort, d'économie de charges et de respect de l'environnement. Ils s'appuient sur des référentiels et sont soumis à des procédures d'audit et d'évaluation.

Aujourd'hui, bon nombre de maîtres d'ouvrage et de promoteurs se sentent concernés par les enjeux environnementaux et énergétiques évoqués précédemment. Les référentiels des certifications et des labels servent ainsi de guides à ceux qui souhaitent améliorer leur savoir-faire en matière de qualité environnementale et énergétique. Ils fixent leurs cibles et les niveaux de performance qu'ils ambitionnent, puis s'appuient sur le référentiel concerné. Les maîtres d'ouvrage et promoteurs ont la possibilité d'être accompagnés par les certificateurs et les labelisateurs dans leur dynamique de progrès.

La démarche de certification et de labelisation permet également de faire valider, par un organisme accrédité ou une association habilitée, les performances obtenues. Cela évite les auto-proclamations et permet de répondre aux demandes des clients en donnant des preuves concrètes ; ceux-ci peuvent prendre connaissance précisément des points qui ont été évalués. Une certification ou un label attribué par un organisme extérieur est une garantie d'indépendance à la fois indispensable et légale : le Code de la consommation exige une séparation entre l'organisme certificateur et l'entreprise ou le produit certifié.

Dans le cadre de la crise économique actuelle, les candidats à l'acquisition ou à la location, que ce soit en résidentiel ou en tertiaire, sont en quête de bâtiments de qualité et énergétiquement sobres. Ils recherchent à la fois des valeurs sûres et des économies de charges, quitte à investir davantage. Sensibilisés à la protection de la planète, ils se tournent également plus largement vers l'éco-construction et l'éco-rénovation.

Les maîtres d'ouvrage et promoteurs doivent se donner les moyens de répondre à ces attentes et de garantir à leurs clients la qualité environnementale et énergétique de leurs offres, en les faisant contrôler par un organisme ou une association qualifié et indépendant, qui en général possède un réseau national de vérificateurs. La filière bâtiment est par conséquent particulièrement concernée par cette évolution à la fois éthique, réglementaire et économique.

Les labels et certifications servent également de références pour les collectivités, les partenaires, les clients à la recherche de professionnels reconnus dans leur capacité à réaliser des bâtiments respectueux de l'environnement et économes en énergie, et à mener un management environnemental correspondant à ces opérations.

Enfin, ces référentiels plus exigentiels que les réglementations aident les maîtres d'ouvrage et les promoteurs à anticiper les futures réglementations et à aller au-delà des exigences légales. Cela leur donne l'opportunité de progresser et de mesurer leur amélioration sous le regard critique d'un organisme indépendant et reconnu. Ces démarches s'avèrent également être un vecteur de progrès et de mobilisation internes. Voici les 14 cibles de la démarche HQE®.

ÉCOCONSTRUCTION	
CIBLE 1	Relation harmonieuse des bâtiments avec leur environnement immédiat
CIBLE 2	Choix intégré des procédés et produits de construction
CIBLE 3	Chantier à faibles nuisances
ÉCOGESTION	
CIBLE 4	Gestion de l'énergie
CIBLE 5	Gestion de l'eau
CIBLE 6	Gestion des déchets d'activité
CIBLE 7	Entretien-maintenance
CONFORT	
CIBLE 8	Confort hygrothermique
CIBLE 9	Confort acoustique
CIBLE 10	Confort visuel
CIBLE 11	Confort olfactif

SANTE	
CIBLE 12	Conditions sanitaires
CIBLE 13	Qualité de l'air
CIBLE 14	Qualité de l'eau

LES ENJEUX

LES LABELS ASSOCIÉS À LA RT 2005 ET À LA RT EXISTANT

Les exigences de la RT 2005

La dernière évolution de la réglementation thermique française date de 2005, d'où l'appellation RT 2005, et elle est applicable à tous les permis de construire dans les secteurs résidentiel (habitat) et non résidentiel (tertiaire), déposés depuis le 1er septembre 2006 (décret et arrêtés du 24 mai 2006, *JO* du 25 mai 2006). Elle renforce les exigences de performance énergétique des bâtiments neufs, par rapport à la réglementation thermique précédente (RT 2000), de 15 %. Ce pourcentage reflète la volonté affichée par le Plan climat 2004 : une amélioration de la performance de la construction neuve d'au moins 15 %, avec une perspective de progrès tous les cinq ans pour atteindre au moins 40 % en 2020. L'objectif final du Plan climat est de réduire par quatre des émissions de CO_2 du secteur du bâtiment à l'horizon 2050.

Logements : consommation maximale réglementée

La RT 2005 s'inscrit dans la continuité de la RT 2000. Les principes de base restent les mêmes : le projet de construction est comparé à un projet de référence et, pour éviter les dérives, des valeurs « garde-fous » (exigences minimales) doivent être respectées. Pour les bâtiments d'habitation, la nouvelle réglementation impose une limite maximale de consommation du projet dans sa globalité (chauffage, climatisation, eau chaude, éclairage…), en kilowattheures d'énergie primaire[1] par mètre carré et par an (kWhep/m^2.an). Cette limitation est la même pour l'individuel et le collectif et elle est déclinée par zones climatiques et par énergies de chauffage.

---

1. L'énergie primaire prend en compte les pertes d'acheminement et de production jusqu'au bâtiment, tandis que l'énergie finale ne concerne que celle consommée par l'utilisateur et enregistrée au compteur. L'énergie primaire est plus globale et donc plus pertinente.

Type de chauffage	Zone climatique	Limite maximale pour chauffage, climatisation, eau chaude, éclairage en kWhep/m².an
Combustibles fossiles	H1	130
	H2	110
	H3	80
Chauffage électrique (y compris les pompes à chaleur)	H1	250
	H2	190
	H3	130

Évolutions apportées par la RT 2005

Par rapport à la RT 2000, certaines évolutions ont été intégrées au niveau des références vis-à-vis desquelles le projet de construction est comparé :

▶ un renforcement des exigences sur l'enveloppe :

+ 10 % sur les déperditions par les parois opaques et les baies vitrées,

+ 20 % sur les déperditions par les ponts thermiques[1],

ce qui implique un renforcement de l'isolation thermique ;

▶ un renforcement des performances des équipements de référence :

– chaudière à combustible fossile : chaudière basse température,

– chauffage électrique : panneau rayonnant,

– VMC en logement : – 25 % des déperditions (chauffage électrique), – 10 % des déperditions (chauffage énergie fossile),

---

1. Ponts thermiques : endroits où l'isolation est interrompue, notamment aux jonctions mur/plancher, principales sources des déperditions de chaleur. Pour les éviter, l'isolation doit être posée en continu, sans rupture.

- référence particulière pour les pompes à chaleur ;
- ▶ la valorisation de la construction bioclimatique, qui permet de diminuer les besoins de chauffage et d'assurer un meilleur confort d'été :
  - 40 % des baies vitrées au sud et 20 % au nord, à l'est et à l'ouest (en maison individuelle),
  - valorisation des efforts de conception sur l'environnement climatique du bâtiment : dispositifs architecturaux, casquettes au sud, masques plus lointains…,
  - matériaux à forte inertie thermique,
  - toitures végétalisées ;
- ▶ la valorisation des énergies renouvelables par une meilleure prise en compte des :
  - chaudières bois,
  - capteurs solaires thermiques et photovoltaïques,
  - pompes à chaleur,

  (En référence, une maison individuelle,utilisant aussi bien l'électricité que les combustibles fossiles, est équipée de 2 m^2 de capteurs solaires et un appartement utilisant l'électricité de 1 m^2 de capteurs solaires.)
- ▶ la prise en compte des consommations relatives à la climatisation ;
- ▶ la prise en compte des consommations relatives à l'éclairage étendue au résidentiel.

Choix de conception

Cette réglementation étant basée sur un renforcement de la performance énergétique globale du bâtiment, la maîtrise d'ouvrage et la maîtrise d'œuvre gardent la liberté de choisir les solutions les mieux adaptées pour atteindre la performance globale exigée. Elles ont la possibilité d'opter entre plusieurs éléments intervenant sur les performances thermiques. De plus, le travail sur la conception est mieux pris en compte dans les méthodes de calcul de la RT 2005. Ainsi, un concepteur qui implante les ouvertures principales au sud est *de facto* valorisé, ce qui n'était pas le cas dans la RT 2000. Le surcoût induit par le renforcement de la réglementation est en général de l'ordre de 2 %, pourcentage qu'il faut comparer aux économies d'énergie qui seront d'au moins 15 % par rapport à un bâtiment construit selon la RT 2000.

Le label HPE et ses déclinaisons

Les maîtres d'ouvrage et promoteurs, obtenant des résultats encore plus performants que les exigences de la réglementation thermique, peuvent les valoriser au moyen de l'un des cinq niveaux de performance du label HPE, dont les contenus sont détaillés dans un arrêté du 27 juillet 2006. On distingue :

- ▶ le label HPE (Haute performance énergétique) : consommation globale d'énergie inférieure de 10 % à la consommation de référence RT 2005 ;

- ▶ le label THPE (Très haute performance énergétique) : consommation globale d'énergie inférieure de 20 % à la consommation de référence RT 2005 ;

- ▶ le label HPE EnR (HPE Énergies renouvelables) : niveau du label HPE et besoins en chauffage assurés à plus de 50 % par une chaudière bois-énergie (ou biomasse) ou un réseau de chaleur alimenté à plus de 60 % par des énergies renouvelables ;

- ▶ le label THPE EnR (THPE Énergies renouvelables) : consommation globale d'énergie inférieure de 30 % à la consommation de référence RT 2005 et l'une des conditions suivantes remplies :

  - – plus de 50 % des besoins d'eau chaude sanitaire couverts par du solaire thermique et plus de 50 % des besoins en chauffage couverts par une chaudière bois-énergie (ou biomasse) ou un réseau de chaleur alimenté à plus de 60 % par des énergies renouvelables,

- plus de 50 % des besoins d'eau chaude sanitaire et de chauffage couverts par du solaire thermique,

- plus de 25 kWh/m^2 SHON (surface hors œuvre nette) d'énergie primaire couverts par une d'énergie électrique utilisant une énergie renouvelable ou plusieurs,

- bâtiment équipé d'une pompe à chaleur performante (coefficient de performance [COP] > 3,5),

- plus de 50 % des besoins d'eau chaude sanitaire d'un immeuble collectif couverts par du solaire thermique ;

▶ le label BBC (Bâtiment basse consommation) : consommation énergétique globale égale ou inférieure à 50 kWh/an.m^2, niveau pondéré selon l'altitude et la zone climatique, soit entre 40 et 75 kWh/m^2.an. L'obtention du niveau BBC peut être validée par le label Effinergie (voir p. 51).

Il va de soi que les bâtiments labellisés, notamment THPE et BBC, ont une valeur patrimoniale et marchande plus élevée que les autres.

Demande d'un label HPE

Les labels sont délivrés par un organisme certificateur accrédité par le Cofrac (Comité français d'accréditation) ou par un autre organisme d'accréditation ayant signé un accord dans le cadre de la coordination européenne des organismes d'accréditation. Pour le moment, le label HPE, quel que soit son niveau, n'est délivré qu'aux bâtiments faisant l'objet d'une certification portant sur la sécurité, la durabilité et les conditions d'exploitation des installations de chauffage, de production d'eau chaude sanitaire, de climatisation, d'éclairage ou encore sur la qualité globale du bâtiment. Le label est délivré à la demande du maître d'ouvrage ou de toute personne qui se charge de la construction du bâtiment avec l'accord du maître d'ouvrage. Les frais de procédure inhérents à l'attribution du label sont à la charge de la personne qui en fait la demande.

Le dossier de demande du label Haute performance énergétique doit comporter notamment :

▶ les plans et métrés décrivant le ou les bâtiments ;

▶ les hypothèses et résultats des calculs de performance de chacun des bâtiments : consommation conventionnelle d'énergie et température conventionnelle atteinte en été ;

▶ les hypothèses et résultats des calculs de performance de la référence de chacun des bâtiments : consommation conventionnelle d'énergie de référence, consommation maximale et température conventionnelle atteinte en été de référence ;

▶ les hypothèses et résultats des calculs de la consommation conventionnelle d'énergie pour le chauffage, le refroidissement et la production d'eau chaude sanitaire de chacun des bâtiments ;

▶ les hypothèses et résultats des parts d'énergie renouvelable utilisées ou produites, ou le coefficient de performance annuel des pompes à chaleur, comme défini dans les différents niveaux de labels ;

▶ les références précises et la version du logiciel de calcul utilisé ;

▶ la performance thermique des éléments de construction au regard des exigences minimales prévues par l'arrêté du 24 mai 2006.

Délivrance d'un label HPE

L'organisme qui délivre le label Haute performance énergétique procède à certains contrôles en phase études et en phase chantier, dont les modalités peuvent être adaptées, s'il s'agit de bâtiments produits en série, sur la base d'un descriptif type.

En phase études, l'organisme vérifie que les performances thermiques du bâtiment, ainsi que celles des matériaux, produits, ouvrages et équipements satisfont aux critères d'attribution du label. Il vérifie, par sondage, que les hypothèses et données de calcul des performances thermiques correspondent aux données du projet. Les vérifications portent sur les caractéristiques dimensionnelles significatives et les performances des produits, matériaux et équipements concourant à l'isolation thermique, aux apports de chaleur et au confort d'été, à la perméabilité à l'air, à la ventilation, au chauffage, à la production d'eau chaude sanitaire, à la climatisation et à l'éclairage. L'organisme signale au demandeur les incohérences manifestes en matière de confort, de durabilité et d'entretien des ouvrages et équipements. Il vérifie que les modalités de calcul des performances thermiques garantissent la justesse des résultats présentés. L'organisme peut demander la réalisation de calculs complémentaires.

En phase chantier, le demandeur communique à l'organisme de contrôle toutes les modifications apportées au projet initial et le calcul de leur incidence sur les performances thermiques. L'organisme vérifie à nouveau que les performances thermiques du bâtiment, des matériaux, produits, ouvrages et équipements satisfont aux critères d'attribution du label. Il vérifie aussi *in situ* l'exposition du bâtiment et les conditions d'environnement prises en compte dans les calculs. Il contrôle, par sondage, la conformité et la bonne mise en œuvre des produits, matériaux et équipements utilisés (isolants thermiques, ouvrants, installations de chauffage, de production d'eau chaude sanitaire, de ventilation). Il signale les éléments qui présentent des caractéristiques manifestement inappropriées.

Label HPE et bonification du COS

Les communes peuvent, par simple décision du conseil municipal, autoriser un dépassement du COS (coefficient d'occupation des sols), dans la limite de 20 % pour les constructions économes en énergie, c'est-à-dire permettre la construction de 20 % de surface supplémentaire par rapport au plan local d'urbanisme.

Les constructions éligibles à cette bonification sont celles qui répondent au label THPE EnR ou BBC.

Les maisons individuelles neuves doivent présenter une consommation d'énergie inférieure de 20 % par rapport à la RT 2005 et faire appel à une énergie renouvelable : bois ou photovoltaïque ou eau chaude solaire ou pompe à chaleur.

Les bâtiments existants faisant l'objet d'une extension doivent renforcer l'isolation de la partie existante, notamment la toiture, et faire appel à une énergie renouvelable pour la partie existante et l'extension : bois, photovoltaïque, eau chaude solaire ou pompe à chaleur.

La production de photovoltaïque doit être supérieure à 25 kWh/m^2 SHON ou bien la surface de capteurs doit être supérieure ou égale à 10 % de la SHON.

La production d'eau chaude solaire doit couvrir au moins 50 % des besoins ou la surface de capteurs thermique doit représenter 3 m^2 du logement.

Les labels HPE associés à la RT Existant

Deux réglementations pour les rénovations

La réglementation thermique des bâtiments existants présente la particularité de distinguer deux catégories de rénovation, déterminées en fonction de l'importance des travaux entrepris par le maître d'ouvrage.

La réglementation « élément par élément » s'applique, depuis le 1er novembre 2007, à tous les bâtiments construits avant 1948, aux superficies inférieures à 1 000 m^2 et/ou aux rénovations dont le montant des travaux est inférieur à 25 % du coût de la construction. Des performances minimales, définies dans l'arrêté du 3 mai 2007, sont imposées aux produits ou aux équipements nouvellement installés ou remplacés à l'occasion de travaux de rénovation ou de réhabilitation ayant un lien avec la thermique. Ces exigences s'appliquent aux éléments constitutifs de l'enveloppe du bâtiment et aux systèmes de chauffage, de production d'eau chaude sanitaire, de refroidissement, de ventilation et d'éclairage ainsi qu'aux systèmes de production d'énergie utilisant une source d'énergie renouvelable.

La réglementation « globale » s'applique, depuis 2008, aux bâtiments achevés après 1948, de plus de 1 000 m^2 et faisant l'objet de travaux de réhabilitation importants : plus de 25 % de la valeur du bâtiment hors foncier. La réglementation définit un objectif de performance globale pour le bâtiment rénové. Avant d'engager une réhabilitation de cette ampleur (> 1 000 m^2), le maître d'ouvrage doit réaliser une étude de faisabilité technique et économique des diverses solutions énergétiques : énergies renouvelables, réseau de chauffage, pompes à chaleur, chaudières à condensation, cogénération…

Labels énergétiques et rénovation

À l'instar des labels énergétiques performanciels associés à la réglementation thermique des bâtiments neufs, des labels énergétiques associés à la réglementation thermique appliqués aux bâtiments existants commencent à voir le jour.

Depuis fin 2008, l'organisme certificateur Promotelec propose le label Rénovation énergétique, destiné à aider les propriétaires qui ont un projet de rénovation thermique, totale ou partielle, de leur logement. À la demande du propriétaire, un expert en rénovation, référencé par Promotelec, peut aider à déterminer le niveau de performance énergétique et les travaux à réaliser pour y parvenir. Le label certifie la performance énergétique finale conventionnelle du logement, le niveau d'émission de CO_2 et mesure ainsi le potentiel d'économies pouvant être réalisé. (Voir labels Promotelec p. 80.)

Depuis septembre 2009, l'organisme certificateur Cequami propose la certification Maison rénovée pour répondre aux enjeux actuels de la rénovation énergétique. Elle porte sur trois types d'exigences : l'organisation du professionnel, la qualité des services, la qualité des maisons rénovées. Elle est caractérisée par trois atouts majeurs : un interlocuteur unique sachant coordonner tous les intervenants pour atteindre l'objectif global défini avec le maître d'ouvrage ; une évaluation exhaustive de l'existant permettant de prendre en compte les spécificités de la maison ; un contrôle de la performance énergétique obtenue à la suite des travaux avant de délivrer le certificat. (Voir certification NF Maison individuelle p. 76.)

Deux autres labels sont en cours d'expérimentation, le label HPE Rénovation et le label BBC Rénovation, qui seront délivrés par l'association Effinergie. Ces labels Rénovation seront accordés sur les critères de niveau de consommation et de mesure de perméabilité du bâtiment. Les niveaux à atteindre annoncés sont, pour le label HPE dans le résidentiel, une consommation moyenne inférieure à 150 kWh/m^2.an (non définie pour le tertiaire) et, pour le label BBC dans le résidentiel, une consommation moyenne inférieure à 80 kWh/m^2.an et, pour le tertiaire, la consommation énergétique globale doit être inférieure de 40 % à la consommation conventionnelle de référence de la RT 2005. (Voir label BBC-Effinergie p. 51.)

> **Création d'un label Haute performance énergétique rénovation (*JO* du 1er octobre 2009)**
>
> Pour les bâtiments construits après le 1er janvier 1948 et ayant fait l'objet de travaux de rénovation thermique.
>
> Lors de rénovation thermique de bâtiments d'habitation, on distingue deux niveaux : le label HPE rénovation et le label BBC Rénovation.

La RT 2012 à l'étude

Tous ces labels sont l'occasion de tester les solutions techniques nécessaires à la réalisation de bâtiments basse consommation, qui seront la nouvelle référence de la RT 2012. Par anticipation, les bâtiments publics et tertiaires devront être BBC dès fin 2010. La filière doit préparer et tester des solutions acceptables architecturalement et économiquement dans la perspective de ce renforcement de la réglementation thermique actuelle. Notamment, les professionnels doivent expérimenter les solutions techniques qui permettront la réalisation de bâtiments consommant donc moins de 50 kWh/m^2.an, la rénovation banalisée de bâtiments avec une performance énergétique aussi proche que possible de celle des bâtiments neufs, jusqu'à la réalisation de bâtiments à énergie positive.

La RT 2012 augmentera les exigences réglementaires de façon à pouvoir atteindre petit à petit l'objectif fixé à moins de 40 % de consommation d'énergie en 2020. On devrait connaître un renforcement des exigences :

▶ pour une enveloppe encore plus étanche, avec notamment une réduction significative ou un traitement complet des ponts thermiques (isolation par l'extérieur, isolation répartie) ;

▶ pour des équipements encore plus performants avec, en référence, la chaudière à condensation (énergies fossiles), la pompe à chaleur (chauffage électrique) ;

▶ pour poursuivre le développement des énergies renouvelables, notamment en introduisant en référence une part de chauffage en énergie renouvelable ou en bioénergie.

Les bâtiments basse consommation vont, à l'avenir, devenir encore plus performants au plan énergétique. Les bâtiments dits à énergie zéro auront à peine besoin d'être chauffés et produiront eux-mêmes l'énergie qu'ils consomment. Les bâtiments dits à énergie positive doivent présenter une consommation d'énergie inférieure à la quantité d'énergie qu'ils produisent à partir de sources renouvelables. Ils assurent leurs propres besoins énergétiques et l'énergie non consommée alimente d'autres immeubles ou bâtiments, ou bien elle est réinjectée dans le réseau. Tous les usages de l'énergie sont alors pris en compte, y compris les usages électro-domestiques, sachant que ces derniers peuvent représenter dans un logement basse consommation environ 60 kWhep/m^2.an. Pour atteindre l'énergie positive, il faut donc produire environ 110 kWhep/m^2.an, ce qui s'obtient avec 1 m^2 de photovoltaïque pour 3,5 m^2 de surface habitable en zone méditerranéenne et pour 2 m^2 de surface habitable dans le nord de la France.

Selon la volonté du Grenelle de l'environnement, à partir de 2020, toutes les constructions neuves devront être des bâtiments à énergie positive. On devrait voir apparaître à terme de nouveaux labels, tels que Bepas (Bâtiment passif) avec des besoins de chauffage inférieurs à 15 kWh/m^2.an et Bepos (Bâtiment à énergie positive) avec en plus une production d'énergie.

CHAPITRE 3

LES LABELS PASSIVHAUS, MINERGIE ET EFFINERGIE

Les labels Passivhaus, Minergie et Effinergie ont pour vocation d'encadrer et d'aider les maîtres d'ouvrage qui ont la volonté de construire ou de rénover des bâtiments en les rendant particulièrement économes en énergie. Par leur démarche, ces maîtres d'ouvrage participent activement à la réduction des gaz à effet de serre et, par conséquent, à la lutte contre le dérèglement climatique, ainsi qu'à la baisse des charges des ménages et gestionnaires.

Pour obtenir l'un de ces labels, la maîtrise d'ouvrage et la maîtrise d'œuvre doivent respecter les exigences du référentiel concerné puis faire certifier le niveau d'exigence atteint par un organisme accrédité.

Ces exigences sont exprimées en termes d'objectifs à atteindre et de seuils limites à ne pas dépasser, et non pas en termes de moyens. Elles n'imposent ni les choix constructifs, ni les matériaux, ni les techniques, ni les énergies, afin de laisser toute liberté de conception et d'innovation à la maîtrise d'œuvre (architecte et ingénierie). Cependant, comme le montrent les exemples de réalisations, les matériaux et techniques appliqués se rejoignent, quel que soit le label sollicité.

> **Quelques dates**
>
> 1996 : création du label Passivhaus, d'origine allemande.
>
> 1998 : création du label Minergie, d'origine suisse.
>
> 2006 : création du label Effinergie, français.

Les performances énergétiques, exprimées en kilowattheures par mètre carré et par an, d'énergie primaire, atteintes par un bâtiment labellisé Passivhaus ou Minergie ou Effinergie, ne peuvent être comparées car les données prises en compte diffèrent, notamment :

▶ les surfaces de référence ;

▶ coefficient de conversion énergie primaire / énergie finale ;

▶ les facteurs de pondération et les taux de conversion ;

▶ les usages (chauffage, eau chaude, ventilation, éclairage, électroménager…).

Tous les bâtiments labellisés Passivhaus ou Minergie ou Effinergie ont, de toute façon, le mérite d'être à très basse consommation, même si un label peut être plus exigeant qu'un autre sur certains critères.

Le surcoût d'investissement pour atteindre ces performances, de l'ordre de 7 à 15 % par rapport à un bâtiment RT 2005, est rapidement compensé par les économies de charges, induites par les précautions prises au moment de la construction.

Ces trois labels peuvent être obtenus sur le territoire français :

▶ le label Passivhaus est délivré par l'association, loi de 1901, la Maison Passive France, www.lamaisonpassive.fr ;

▶ le label Minergie est remis par l'ONG indépendante, soutenue par les autorités suisses, Prioriterre, www.prioriterre.org ;

▶ l'association Effinergie n'a pas pour vocation de délivrer elle-même le label BBC-Effinergie. Elle s'appuie sur quatre organismes certificateurs reconnus par l'État et accrédités par le Cofrac :

– Cequami pour les maisons individuelles en secteur diffus ;

– Promotelec pour les logements collectifs et les maisons groupées ou en secteur diffus ;

– Cerqual pour les logements collectifs et les maisons groupées ;

– Certivéa pour les bâtiments tertiaires.

Le label suisse Minergie

Créé en 1996, le label suisse Minergie peut se prévaloir de 13 ans d'expérience et d'avoir été délivré à plus de 12 500 bâtiments neufs ou rénovés, principalement en Suisse mais aussi en France, en Italie, au Luxembourg et en Allemagne. Ainsi, un réseau de partenaires est maintenant spécialisé dans la mise en œuvre de ce label : architectes, bureau d'études, conseils et assistants à la maîtrise d'œuvre, promoteurs et constructeurs, entreprises du bâtiment, fabricants, installateurs…

Le label Minergie peut s'appliquer, en neuf et en rénovation, à tout type de bâtiment : individuel, collectif, tertiaire, commercial, industriel ; hôpital école, hôtel-restaurant, entrepôt…

Un bâtiment Minergie est caractérisé par trois principes de base :

- une enveloppe à isolation thermique renforcée et étanche à l'air ;
- une aération automatisée et économe en énergie ;
- une production de chaleur à haut rendement et associée à l'utilisation d'énergies renouvelables (bois, solaire).

Sa conception doit conduire à une réduction de la consommation d'énergie d'au moins un facteur deux par rapport aux exigences suisses légales actuelles.

Le label Minergie présente l'originalité, par rapport aux labels Passivhaus et Effinergie, d'offrir le choix entre quatre niveaux de performance :

- Minergie standard ;
- Minergie P : passif (2003) ;
- Minergie Eco : écologique (2006) ;
- Minergie P-Eco : passif et écologique.

Pour chaque catégorie de label Minergie, il existe :

- des critères d'exigences ;
- des critères d'exclusion ;
- des critères d'évaluation ;
- une méthode d'évaluation.

L'association Minergie est soutenue par l'ensemble des cantons suisses et par la Confédération. La plus-value des bâtiments labellisés, estimée entre 10 et 12 %, est reconnue par la plupart des établissements bancaires suisses, qui acceptent alors un prêt plus conséquent ou un taux d'intérêt négocié. Les bâtiments Minergie bénéficient aussi d'aides financières et d'un bonus d'utilisation du sol pour certains cantons. En France, un bâtiment Minergie donne l'opportunité d'augmenter le COS. Un nouveau label Minergie BBC donnera accès à toutes les aides inhérentes au label BBC.

Exigences et critères pour le label Minergie standard

Le référentiel de la certification Minergie de base fixe des objectifs réalistes que des techniques et des matériaux actuels éprouvés permettent d'atteindre sans difficulté et à des coûts raisonnables. En revanche, les contraintes architecturales sont souvent plus élevées.

Les principales exigences à respecter :

▶ des exigences primaires pour l'enveloppe du bâtiment ;

▶ un renouvellement de l'air au moyen d'une aération de type double flux ;

▶ une valeur limite de consommation pondérée en fonction de la localisation (stations météo de référence) et de l'altitude ;

▶ un justificatif du confort thermique d'été ;

▶ des exigences supplémentaires suivant la catégorie de bâtiment : éclairage, froid industriel et production de chaleur.

Les énergies renouvelables sont privilégiées dans le calcul Minergie. En revanche, le rapport énergie primaire/énergie finale pour l'électricité est compté double pour tenir compte des pertes de production, en particulier celles des centrales électriques utilisant des énergies non renouvelables.

Garanties assurées

La certification Minergie est une démarche de qualité globale qui garantit :

▶ une consommation en résidentiel inférieure, depuis 2009, à 38 kWh/m^2.an d'énergie primaire en neuf et à 60 kWh/m^2.an en rénovation. Les consommations prises en compte sont celles liées au chauffage, à l'eau chaude, à la ventilation et à la climatisation ;

▶ un surinvestissement, induit par les performances à atteindre, limité au maximum à 10 % ;

▶ la pose d'une plaque Minergie numérotée attestant la certification et, par conséquent, la valeur ajoutée du bâtiment (en cas de revente) ;

▶ en option, un suivi des consommations pendant trois ans pour valider que la réalisation maintient ses performances et un accompagnement aux comportements d'utilisation.

En revanche, contrairement aux labels Passivhaus et Effinergie, l'obtention du label Minergie standard ne requiert pas une vérification de la perméabilité à l'air. Les installations de chauffage, d'aération et de production de l'eau chaude doivent être conçues en tant qu'équipements complémentaires. Et elles doivent, bien entendu, posséder de hauts rendements : ventilation double flux avec récupération d'énergie, chaudière à condensation pour récupérer la chaleur latente des gaz de combustion, production d'eau chaude solaire...

Énergie finale, énergie primaire

L'énergie finale est celle qui est consommée par l'utilisateur et affichée aux compteurs. L'énergie primaire prend en compte les pertes de production et d'acheminement jusqu'au bâtiment.

Exemples d'exigences techniques

Le bâtiment doit être pris en considération en tant que système intégré : enveloppe et installations techniques.

Aération automatisée

Caractérisés par une forte isolation et une enveloppe étanche à l'air, quasiment tous les types de bâtiments Minergie nécessitent un renouvellement d'air contrôlé et automatisé, afin de garantir un air intérieur de qualité et préserver le bâti. Seuls les bâtiments industriels et les dépôts peuvent éventuellement y déroger. Même si Minergie n'impose pas de solution technique, on constate que, dans 90 % des cas, le système adopté est une ventilation double flux avec récupération de chaleur.

Éclairage économe en énergie

Pour les bâtiments destinés à un usage autre que celui du logement (bureaux, école, commerce…) et dont la surface est supérieure à 500 m^2, le justificatif de l'installation d'un éclairage performant, selon la norme suisse SIA 380/4, est à fournir.

Eau chaude solaire

Les restaurants, les installations sportives et les piscines doivent couvrir 20 % de leurs besoins en eau chaude sanitaire par une énergie renouvelable.

Rafraîchissement économe en énergie

Si les locaux sont climatisés (réfrigération, humidification, déshumidification), la consommation d'énergie est comprise dans la valeur limite Minergie. Les installations de froid industriel, pour les commerces et la restauration, sont soumises à des exigences de performances énergétiques en Suisse mais pas encore en France.

> **Étiquette classe A**
>
> Sans que ce soit une réelle exigence, Minergie recommande que les logements soient équipés d'appareils électroménagers dotés de l'étiquette énergie de classe A.

Exigences et critères pour le label Minergie P

Le référentiel du label Minergie P intègre en grande partie les critères des constructions passives : surisolation, étanchéité à l'air contrôlée, ventilation double flux à haut rendement. L'objectif premier est de réduire les besoins en énergie.

La consommation d'énergie primaire doit être inférieure à 30 kWh/m².an et les besoins en chauffage inférieurs à 15 kWh/m².an. Le dimensionnement de la puissance de chauffage doit être inférieur à 10 W/m². Le label Minergie P requiert un test d'étanchéité à l'air.

CRITÈRES	MINERGIE STANDARD	MINERGIE P
Énergies renouvelables	Recommandées	Nécessaires mais pas exigées
Besoins en chaleur/ chauffage	90 % de la valeur limite SIA*	60% de la valeur limite SIA*
Étanchéité à l'air	Bonne	Contrôlée
Isolation thermique	15 à 20 cm	20 à 35 cm
Vitrages isolants	Doubles vitrages	Triples vitrages
Distribution de chaleur	Distribution convention-nelle	Chauffage à air possible si maximum 10 W/m²
Appareils électroménagers classe A	Recommandés	Exigés
Aération automatique	Exigée	Exigée
*Réglementation thermique suisse		

Le surcoût moyen d'une réalisation Minergie P par rapport à une réalisation Minergie standard est en moyenne de 5 à 6 %.

Exigences et critères pour le label Minergie Eco

La construction doit être conforme à Minergie ou Minergie P. Outre les paramètres de confort et de rendement énergétique, les bâtiments certifiés Minergie Eco doivent répondent à des exigences sanitaires et écologiques, qui sont elles aussi évaluées.

L'association Minergie met à disposition des professionnels des standards de construction (Eco-baus), des fiches matériaux, des éco-devis facilitant la rédaction des appels d'offres Minergie Eco…

Principaux critères sanitaires et écologiques

- ▶ **Lumière :** grande proportion de lumière naturelle pour assurer un impact positif sur la santé.
- ▶ **Bruit :** mesures de protection phonique réduisant la portée des bruits extérieurs et intérieurs.
- ▶ **Air intérieur :** mesures pour limiter les émissions de polluants, les émanations de radon et les rayonnements électro-magnétiques.
- ▶ **Matières premières :** privilégier les matières premières locales facilement accessibles.
- ▶ **Fabrication :** privilégier les bâtiments aux formes compactes, des volumes de matériaux moins élevés et des matériaux ne demandant qu'une faible énergie à la fabrication (énergie grise). Éviter les polluants nocifs pour l'environnement dans les matériaux de construction. Ce critère est pondéré dans les procédures d'évaluation par des facteurs de coût.
- ▶ **Déconstruction :** faciliter la séparabilité des matériaux en prévision de leur récupération lors d'une déconstruction.

Des critères supplémentaires permettent de collecter des points de bonus, telles la réalisation de mesures la conformité de la qualité de l'air ambiant ou la mise en œuvre des matériaux présentant des labels de qualité reconnue.

Critères d'exclusion

Les critères d'exclusion sont en général relatifs aux matériaux qui ne sont pas compatibles avec une construction saine et écologique.

En matière de santé, dans les espaces principaux de vie (bureaux, salles de classe, pièces d'habitation…), sont exclus les biocides et les produits de traitement du bois, les produits contenant des solvants, les matériaux dérivés du bois émettant du formaldéhyde…

En matière d'écologie sont exclus les matériaux de construction contenant des matériaux lourds, le béton recyclé, le bois extra-européen sans certificat de production durable, les doubles vitrages de protection phonique avec remplissage au gaz SF6, les mousses de montage et de remplissage…

Le label Minergie en France

Depuis 2007, la certification Minergie est délivrée en France par l'association Prioriterre, une ONG indépendante, dont l'objectif est la promotion des pratiques innovantes en matière de développement durable. Prioriterre, structure de 25 personnes basée près d'Annecy en Haute-Savoie, a été retenue comme certificateur officiel pour le territoire français par l'association suisse Minergie.

Prioriterre propose également des formations spécialisées à destination des architectes, des bureaux d'études thermiques, des responsables techniques et des professionnels du bâtiment, sur les techniques constructives, les calculs thermiques et l'optimisation technique et financière des bâtiments Minergie.

En France, un bâtiment neuf certifié Minergie aujourd'hui répond déjà à la future réglementation thermique 2012 et à la classe A de l'étiquette énergétique du DPE (diagnostic de performance énergétique), devenu obligatoire lors de la vente ou de la location d'un bâtiment ou d'un logement.

Comment obtenir le label Minergie ?

Les demandeurs sont responsables de la conformité aux exigences.

▶ Le maître d'ouvrage volontaire contacte Prioriterre pour recevoir le cahier des charges Minergie et la liste des partenaires Minergie qui peuvent l'assister dans sa démarche.

▶ Le maître d'ouvrage sélectionne un architecte qui s'entourera de compétences thermiques en adéquation avec la mission Minergie.

▶ La maîtrise d'œuvre assure le montage du dossier Minergie, en détaillant :

- la conception du bâti respectant les exigences Minergie ;

- le calcul des déperditions thermiques justifiant les performances du bâtiment à l'aide d'un logiciel thermique répondant au règlement Minergie ;

- le dimensionnement et le calcul des installations de chauffage et d'aération selon le justificatif Minergie.

▶ Le maître d'ouvrage envoie le dossier à Prioriterre avant le début des travaux, cosigné par la maîtrise d'œuvre.

▶ Prioriterre examine le dossier et octroie, ou non, un label Minergie provisoire. Le maître d'ouvrage peut alors lancer les travaux.

▶ Le maître d'ouvrage est tenu ensuite d'annoncer toute modification ayant une influence sur les besoins d'énergie (enveloppe, installations techniques) par rapport au dossier ayant permis l'octroi du label provisoire.

▶ La maîtrise d'œuvre doit avertir Prioriterre de l'engagement des phases clés : isolation, ventilation, chauffage…

▶ Prioriterre réalise de façon aléatoire un ou des contrôles sur le chantier pour vérifier la réalité des solutions techniques proposées : matériaux de construction, isolation (natures, épaisseurs), baies vitrées (vitrages, menuiseries), traitement des ponts thermiques, installation de chauffage, installation d'aération… Ce sont 10 % des chantiers qui sont visités et chaque visite le chantier fait l'objet d'un rapport envoyé au maître d'ouvrage.

▶ Dès notification de l'achèvement du chantier, Prioriterre remet le label Minergie définitif et pose une plaque Minergie numérotée attestant la certification.

▶ En option : suivi des consommations pendant trois ans pour valider que la réalisation est en accord avec le dossier technique initial et accompagnement aux comportements d'utilisation par Prioriterre.

Méthode d'évaluation

Les procédures d'évaluation se basent sur l'auto-déclaration et se font en deux étapes : phases d'avant-projet et de projet ; appel d'offres et réalisation. La procédure globale est applicable à toutes des catégories de bâtiments. Il existe une procédure de justification simplifiée pour les bâtiments d'habitation d'une surface inférieure à 500 m².

Une liste de questions informatisée est utilisée pour l'évaluation. Des points sont attribués automatiquement aux questions ayant reçu la réponse « oui ». À chaque critère correspond un total de points. L'importance d'une question pour un objet déterminé est intégrée dans l'outil informatique, ce qui détermine le nombre maximal de points possibles. Le degré de conformité d'un critère est le rapport entre le nombre de points obtenus et le nombre maximal de points. On peut répondre par « oui » à une question dès que cette réponse est pertinente à 80 %.

> **Coût de la certification**
>
> Minergie – Prioriterre avec suivi sur trois ans : 2 500 € HT.
>
> Minergie classique sans suivi : 1 250 € HT.
>
> Surcoût de l'option Minergie P avec suivi sur trois ans : 1 000 € HT.
>
> Surcoût de l'option Minergie P sans suivi : 1 000 € HT.
>
> **Conditions de règlement**
>
> 40 % lors du dépôt du dossier.
>
> 40 % lors de l'attribution du certificat provisoire.
>
> 20 % lors de l'attribution du certificat définitif.

Le label allemand Passivhaus

Créé en 1990, le label allemand Passivhaus est devenu le standard européen des maisons et bâtiments passifs. Il évolue régulièrement en intégrant de nouvelles données fournies par le Passiv Haus Institut (PHI), qui réalise en permanence des recherches destinées à rendre plus aisé et moins coûteux ce type de construction. Le label Maison Passive/Passivhaus est délivré, via des associations comme La Maison Passive France, dans tous les pays de l'Union européenne, exception faite de Malte. En 2009, on compte 17 000 constructions passives en Europe, dont plus de la moitié en Allemagne. Leur nombre double presque chaque année.

Le label Maison Passive/Passivhaus s'applique, en neuf ou en rénovation, aux maisons individuelles, logements collectifs et individuels groupés, bâtiments d'enseignement, immeubles de bureaux, bâtiments publics…

Le principe de base d'une maison passive est de réduire, en amont, au maximum les besoins énergétiques, le but étant de construire un habitat capable de se chauffer sans avoir recours à un système indépendant de chauffage. Le concepteur doit, par conséquent, chercher à minimiser les déperditions thermiques et concevoir le bâtiment de manière à ce qu'il puisse exploiter de façon optimale la chaleur issue du rayonnement solaire, ainsi que celle émise par les habitants, ou les usagers, et leurs activités. La construction très basse consommation, doit toutefois rendre la maison, ou le bâtiment, confortable hiver comme été.

Aujourd'hui, les constructions passives à très basse énergie qui sont conçues consomment 90 % d'énergie de chauffage de moins qu'une construction existante et 75 % de moins qu'une maison nouvellement construite. L'installation d'un système de chauffage conventionnel devient alors inutile.

Un bâtiment Passivhaus est caractérisé par trois principes de base :

► des besoins en chauffage minimisés à l'extrême ;

► une enveloppe très étanche ;

► une faible consommation en énergie primaire totale.

Une maison passive est avant tout une construction très bien isolée, très étanche à l'air, dotée d'une ventilation double flux à haute récupération de chaleur, qui renouvelle l'air intérieur en permanence, et qui est construite avec soin. L'objectif principal est de consommer le moins possible, non de se donner bonne conscience en compensant les consommations d'énergie par une production photovoltaïque d'électricité (revendue au réseau).

Toute construction existante peut, elle aussi, être transformée en bâtiment passif ou, au moins, s'en rapprocher. Une rénovation à base de composants passifs permettra, au pire, de diviser sa facture de chauffage par quatre, au mieux, d'atteindre le standard passif. La rénovation passive peut s'appliquer à tout type de bâtiment, quelles que soient son année de construction et son architecture. Les économies sont particulièrement notables dans le cas d'immeubles des années 1970, actuellement les plus gourmands en énergie du parc immobilier car mal isolés. Les moyens mis en œuvre peuvent se traduire par une isolation par l'extérieur pour supprimer les ponts thermiques, la pose de fenêtres à triple vitrage, l'installation d'une ventilation double flux avec une récupération de chaleur, etc.

Exigences et critères

Le cahier des charges du label Maison Passive repose sur trois exigences énergétiques précises (et non négociables).

Des besoins en chauffage inférieurs à 15 kWh/m².an

Cette exigence de 15 kWh/m² annuels maximum en énergie utile[1] pour le chauffage est identique quels que soient l'altitude, la zone climatique et le mode constructif. Elle est valable de la latitude 40° nord à la latitude 60° sud, c'est-à-dire dans toute la zone qui s'étend de Madrid à Stockholm et de Moscou

---

1. Énergie de chauffage réellement disponible après toutes les étapes de transformation.

à Dublin, contrairement aux autres labels qui pondèrent selon les zones et les altitudes.

Étanchéité de l'enveloppe

Le débit de fuite maximal de 0,6 v/h pour une différence de pression de 50 Pa entre l'intérieur et l'extérieur. Une étanchéité à l'air renforcée limite les déperditions parasites d'air chaud, qui dans une maison passive doivent être inférieures à 0,6 fois le volume de l'enveloppe par heure. Le label n'est délivré qu'après un contrôle de cette valeur au moyen d'un système Blower Door® ou test de la porte.

Test de la porte

Pour quantifier la perméabilité à l'air d'un bâtiment, une surpression est créée afin de produire une différence de pression, entre l'intérieur et l'extérieur, de 50 Pa, équivalant à un vent modéré à fort sur les quatre faces du bâtiment. La « dépressurisation » se fait progressivement par paliers de 10 Pa et les débits de fuite sont mesurés à hauteur de chaque palier. Les entrées et sorties d'air du logement sont obstruées, les siphons d'évacuation sont remplis d'eau. Les portes intérieures doivent en revanche rester ouvertes. Le logement est alors mis en dépression à l'aide d'un ventilateur intégré à une porte d'entrée temporaire (système Blower Door®).

Une consommation en énergie primaire inférieure à 120 kWh/m².an en résidentiel

Les usages pris en compte pour calculer la consommation annuelle en énergie primaire totale sont : le chauffage, l'eau chaude sanitaire, la ventilation, l'éclairage, les auxiliaires (par exemple, les pompes) et électroménager. Les appareils ménagers doivent donc, eux aussi, être économes en énergie.

Renseignements à fournir dans le non-résidentiel

Chauffage : besoin de chaleur, pertes de stockage, distribution, ventilation en hiver. Exigence : consommation en énergie primaire inférieure à 35 kWh/m².an.

Rafraîchissement passif : auxiliaires électriques, ventilation en été, systèmes d'ombrage. Exigence : recours à la climatisation active réduit au maximum.

Eau chaude sanitaire (ECS) : besoin en ECS, pertes de stockage et de distribution, auxiliaires pour la distribution, mise à disposition (réseau solaire inclus).

Éclairage : besoin en électricité, commande.

Consommations autres : ascenseurs, informatique, téléphonie.

Appareils de bureau, appareils de cuisine, machines, etc.

Substitution par des énergies renouvelables : production d'électricité par énergies renouvelables (photovoltaïque, éolien, etc.). Électricité produite de manière renouvelable, non déduite de la valeur de consommation en énergie primaire.

Autres critères à respecter

▶ La puissance de chauffage est limitée à 10 W/m^2.

▶ Le surcoût par rapport à un bâtiment standard ne doit pas excéder 10 à 25 % pour le résidentiel, et 7 à 15 % pour le non-résidentiel.

Méthode de validation

Pour obtenir le label, la construction doit avoir été conçue en utilisant l'outil de conception Maison Passive PHPP (*Passive House Planning Package*), qui permet de s'assurer qu'elle respectera les très faibles consommations énergétiques recherchées. Le PHPP comprend un logiciel simple d'utilisation et un manuel très détaillé. Il permet aux concepteurs d'affiner le cahier des charges d'un bâtiment en vue d'atteindre la norme Maison Passive/Passivhaus. Le label est attribué après avoir recalculé les données PHPP et le Blower Door®, test final qui contrôle l'étanchéité à l'air de la construction.

Exemples de solutions techniques

Solarisation

Dans la mesure du possible, le plus grand pourcentage de surface de baies vitrées doit être orienté au sud afin d'optimiser la récupération des apports passifs du soleil, en hiver, et de réduire ainsi les besoins en chauffage. Par conséquent, le séjour doté d'une grande porte-fenêtre sera orienté en général en façade sud. En hiver, le soleil, bas sur l'horizon, peut aisément pénétrer dans le logement ; en été, il est presque à la verticale et il est alors facile de lui faire obstacle, par exemple au moyen d'une casquette maçonnée ou d'un balcon. À la mi-saison, il faut associer protections solaires fixes et mobiles. Néanmoins, il est tout à fait possible d'obtenir une maison passive même si elle n'est pas orientée au sud, en optimisant d'autres paramètres (types d'isolants, vitrages…).

Absence de système de chauffage indépendant

La limite à 15 kWh/m^2.an pour les besoins de chauffage (et de climatisation) a été retenue à la suite des expériences qui ont montré que l'air comme fluide caloporteur peut être utilisé pour respecter cette valeur, ce qui permet de s'affranchir d'un système indépendant de chauffage. Les apports solaires et internes suffisent pour maintenir une température confortable, et ce, tout au long de l'année. C'est pourquoi les maisons passives sont aussi appelées les « maisons sans système de chauffage ou de climatisation indépendant ».

Isolation renforcée

Pour renforcer l'isolation de l'enveloppe, il est recommandé d'employer des matériaux d'isolation dont le coefficient Uw est inférieur à 0,10 W/m^2.K. De même, les ouvrants (fenêtres et portes) doivent posséder un U au plus égal à 0,8 W/m^2.K avec un facteur solaire de 50 % pour les fenêtres.

Ventilation double flux

La température de l'air entrant dans les pièces ne doit pas, en hiver, descendre en dessous de 17 °C pour servir de vecteur de chauffage. L'installation d'un système de ventilation double flux avec récupérateur de chaleur est, par conséquent, quasi systématique. La récupération de chaleur sur l'air extrait doit atteindre 70 à 90 %. L'air neuf devient alors le vecteur de chauffage. Le niveau sonore du système ne peut excéder 25 décibels. La ventilation doit permettre une circulation d'air uniforme dans toutes les pièces et respecter les règles d'hygiène de renouvellement d'air.

Classe A

Le niveau d'efficacité énergétique des appareils électroménagers atteint en général la classe A.

Le label Passivhaus en France

Le label allemand Passivhaus est développé en France par La Maison Passive France, association loi 1901, dont l'objet est de promouvoir le concept de construction passive, selon la définition européenne du standard de maison « passive » certifiée par l'institut Passiv Haus de Darmstadt (Allemagne).

Son objectif est d'encourager la mise en place d'une filière de construction de maisons passives en France, de manière indépendante, en y associant tous les acteurs de la construction, qu'ils soient professionnels ou particuliers. Ainsi, La Maison Passive France regroupe des architectes, bureaux d'études, constructeurs, fabricants… et maître d'ouvrage qui s'attachent à multiplier les constructions durables selon le standard européen Maison Passive. Ceux-ci innovent dans les domaines de la conception et de la construction, et mènent à bien des projets dans le neuf ou dans le parc existant. Ils s'engagent à respecter les principes du standard Maison passive et veillent à la plus grande qualité d'exécution.

En 2009, on compte plus d'une centaine de constructions passives en France, qui sont des maisons mais aussi des immeubles collectifs, deux bâtiments tertiaires, une bibliothèque, des crèches… ainsi que quelques rénovations passives.

> **La Maison Passive France
> se donne cinq objectifs principaux**
>
> • développer le concept de maison passive ;
>
> • diffuser l'information et les savoir-faire concernant la construction passive, notamment sur les bâtiments construits et les expériences de leurs habitants ;
>
> • former à la construction passive ;
>
> • contrôler et labelliser les constructions Maison passive ;
>
> • soutenir le concept européen de maison passive et ses trois critères :
>
>   – besoins de chauffage < 15 kWh/m^2.an,
>
>   – étanchéité de l'enveloppe n50 ≤ 0,6 h-1,
>
>   – énergie primaire consommée < 120 kWh/m^2.an.

Une maison passive construite en France doit respecter les exigences de la RT 2005 mais elle sera beaucoup plus performante énergétiquement. Elle consommera environ huit fois moins.

Obtenir le label Passivhaus en France

Les documents nécessaires à la validation du label Maison Passive doivent être soumis à l'examen pendant la phase de conception, afin que des corrections ou des suggestions puissent être apportées le plus tôt possible. Si le concepteur est inexpérimenté en matière de construction passive, La Maison Passive France peut le conseiller et, si nécessaire, assurer un suivi jusqu'à l'aboutissement du projet.

La dernière version française du PHPP (Passive House Planning Package), logiciel et manuel, est distribuée par La Maison passive France. L'association dispense aussi des formations par groupes d'une quinzaine de personnes, soit pour une initiation à la construction passive et au calcul de l'enveloppe, soit pour une formation plus approfondie au calcul PHPP. Des cours sont organisés toute l'année, dans toute la France

Coût d'une maison passive

En investissement, la construction d'une maison passive coûte entre 10 et 25 % de plus qu'une maison traditionnelle similaire. Cependant, les économies obtenues par l'absence de système de chauffage permettent d'investir davantage dans l'isolation et dans une ventilation à haut rendement énergétique. Si l'on considère le coût global d'une construction, le concept de construction selon le standard Maison passive s'avère nettement plus rentable dans le temps que d'autres constructions dont l'investissement initial est plus « léger ».

Le coût de la labellisation varie de 900 à 1 500 € pour une maison individuelle et le Blower Door® test revient à environ 500 €. Par ailleurs, une maison passive consomme 90 % d'énergie de chauffage en moins : on n'y dépense plus que 10 à 25 € par mois en chauffage, quels que soient le mode de construction et la situation géographique, tandis qu'une maison traditionnelle équivalente nécessitera une dépense de 100 à 250 € par mois en chauffage.

Le label français BBC-Effinergie

Le référentiel BBC a été mis au point par Effinergie, association à but non lucratif ayant pour objectif la promotion des constructions à basse énergie. Ses membres fondateurs sont des professionnels du bâtiment (CSTB), de la finance (Caisse des dépôts et Banque populaire), de la formation (Cefim), des associations régionales de promotion de la maîtrise de l'énergie (Ajena, RAEE), le collectif Isolons la Terre, ainsi que des Régions. Dès l'origine, les Régions Alsace, Franche-Comté,

Languedoc-Roussillon et Rhône-Alpes se sont mobilisées afin de mutualiser et de mettre en valeur les démarches régionales, et de fédérer les professionnels de la construction et les collectivités locales.

Créé en mai 2007, le label français BBC-Effinergie est la marque de promotion du label officiel Bâtiment basse consommation énergétique, BBC 2005, mis en place par l'arrêté du 8 mai 2007 (*JO* du 15 mai 2007). Ainsi, l'obtention du niveau BBC (Bâtiment basse consommation) peut être validée par le label BBC-Effinergie. La finalité affichée par ce label désignant les Bâtiments basse consommation (label BBC) est la division des dépenses énergétiques par quatre par rapport à la consommation actuelle.

En janvier 2009, on comptait comme projets labellisés : 12 maisons individuelles, 23 maisons individuelles groupées, 18 logements collectifs. Étaient en cours de labellisation : 821 logements individuels, 6 479 logements collectifs, un éco-quartier, 14 bureaux (124 000 m²), une crèche, 15 opérations pilotes en rénovation. BBC-Effinergie devient la référence française des bâtiments à très faible consommation d'énergie.

Pourquoi avoir créé un label français au lieu de, tout simplement, importer les référentiels Minergie et Passivhaus ? Parce que le label Effinergie tient compte des spécificités françaises en termes de réglementations et de normes, de zones climatiques, de modes de construction… À l'inverse des pays du centre et du nord de l'Europe, il est impossible en France de soutenir un standard unique sans prendre en compte les différences climatiques propres à l'Hexagone. Une construction sur la Côte d'Azur ne peut avoir les mêmes standards énergétiques que dans le Nord ou dans les Alpes. L'isolation ne se fait pas à partir des mêmes exigences d'économie d'énergie. L'implication des Régions dans le projet était, par conséquent, d'autant plus nécessaire pour assurer une information sur les spécificités de leur parc immobilier. En outre, disposant d'une véritable assise juridique, le label BBC-Effinergie ouvre droit aux avantages français liés aux labels de performance énergétique : réduction de la taxe foncière, extension du COS (coefficient d'occupation des sols), crédit d'impôt, Éco-PTZ (prêt à taux zéro)…

Les principales missions de l'association Effinergie

- fédérer l'ensemble des acteurs impliqués autour de la filière de la construction pour l'optimisation énergétique des bâtiments ;

- faire évoluer les référentiels avec ces mêmes acteurs ;

- piloter et coordonner les échanges ;

- gérer une communication nationale pour rendre lisible et identifiable le concept BBC par l'ensemble des acteurs ;

- assurer la validation par rapport aux référentiels et la labellisation des constructions ayant atteint le niveau BBC ;

- permettre d'avoir une meilleure compréhension du marché, faciliter la lecture par secteur, mobiliser les acteurs, avec l'aide des collectivités locales ;

- sensibiliser les banques.

Dans le cadre du Prebat, Programme de recherche et d'expérimentation sur l'énergie dans le bâtiment, l'Ademe soutient des opérations exemplaires. Plus de 250 projets démonstrateurs ont été sélectionnés représentant près de 2 200 logements et 105 bâtiments tertiaires correspondant à 170 000 m² (bureaux, établissements de santé, d'enseignement et d'hébergement). Soixante d'entre eux portent en totalité ou en partie sur la réhabilitation de bâtiments existants. Tous les projets sont BBC et quatre sont à énergie positive.

En juin 2009, l'association Effinergie a pris la décision de développer, en partenariat avec l'Ademe et la Direction de l'habitat, de l'urbanisme et des paysages du ministère du Développement durable, un observatoire des projets BBC. Cet observatoire a pour objectif de répertorier, d'identifier et de fournir les indicateurs et niveaux afin d'apporter des témoignages tangibles pour les futures étapes réglementaires.

Exigences et critères dans le neuf

Les exigences de la marque Effinergie sont similaires à celles du label national BBC. Pour obtenir le label BBC-Effinergie, la consommation énergétique globale doit être inférieure à 50 kWh d'énergie primaire par an et par mètre carré de SHON (surface hors œuvre nette), dans un logement neuf. Cette valeur est pondérée selon l'altitude et la zone climatique, soit entre 40 et 75 kWh/m^2.an. Elle est, par exemple, de 65 kWh/m^2.an pour Paris. Dans les bâtiments tertiaires neufs, la consommation énergétique globale ne doit pas dépasser 50 % de la consommation conventionnelle de référence de la RT 2005 : Cep < 50 % Cref. Les exigences de la RT 2012 en préparation seront, sans aucun doute, celles du label BBC.

Le label BBC-Effinergie prend en compte les mêmes usages que la RT 2005 (chauffage, refroidissement, eau chaude, ventilation, auxiliaires et éclairage) et applique les mêmes méthodes de calcul. Seule, une adaptation a été étudiée pour le chauffage au bois : le coefficient de transformation de l'énergie bois pour le calcul des consommations d'énergie primaire est pris, par convention, égal à 0,6.

Des informations complémentaires sont à fournir, telles que la consommation annuelle en kilowattheures d'énergie finale par mètre carré pour chaque usage, ainsi que son équivalence d'émission en kilogrammes de CO_2 (convention identique à celles du DPE). Les besoins couverts par une énergie renouvelable pour chaque usage doivent également être indiqués.

Comme les labels Minergie P et Passivhaus, le label Effinergie n'est délivré qu'après vérification de l'étanchéité à l'air du bâtiment, qui ne doit pas dépasser 0,6 $m^3/h.m^2$ pour une maison individuelle et 1 $m^3/h.m^2$ pour les logements collectifs. Cette valeur quantifie le débit de fuite traversant l'enveloppe, exprimée en mètres cubes par heure et par mètre carré ($m^3/h.m^2$), sous un écart de pression de 4 Pa, conformément à la RT 2005. Les tests à la perméabilité à l'air doivent être réalisés par un organisme autorisé par Effinergie. Pour le moment, une mesure de perméabilité à l'air n'est obligatoire que pour les logements BBC-Effinergie mais ils sont recommandés pour les autres types de bâtiment.

La production locale d'électricité

La prise en compte dans le calcul de la consommation totale de la production locale d'énergie électrique (photovoltaïque, micro-éolien…) est limitée à la compensation des usages autres que ceux du chauffage et de l'eau chaude sanitaire, afin de garantir une conception et une mise en œuvre de bâtiments à faibles besoins en énergie. Ainsi, la production locale d'électricité n'est déduite des consommations qu'à concurrence de 35 kWhep.m^2.an pour le résidentiel à production d'eau chaude sanitaire électrique et de 12 kWhep.m^2.an pour le résidentiel à production d'eau chaude sanitaire non électrique. De plus, le coefficient moyen des déperditions par l'enveloppe (Ubât) doit être inférieur de 30 % au seuil minimal, « garde-fou », exigé par la RT 2005 (Ubâtmax).

Exigences et critères en rénovation

Pour obtenir le label BBC-Effinergie, la consommation énergétique globale doit être inférieure à 80 kWhep/m^2.an de la SHON dans un logement existant. Cette valeur est modulée selon les régions. Dans les bâtiments tertiaires existants, la consommation énergétique globale doit être inférieure de 40 % à la consommation conventionnelle de référence de la RT 2005. Les textes réglementaires et les règles de calcul applicables aux bâtiments existants (ThCEx) ayant été publiés, les règles techniques actuelles non adaptées spécifiquement à l'existant vont être révisées.

Comme pour les bâtiments neufs, le label BBC-Effinergie rénovation prend en compte les mêmes usages que la RT 2005 (chauffage, refroidissement, eau chaude, ventilation, auxiliaires et éclairage) et applique les mêmes méthodes de calcul, avec une adaptation pour le chauffage au bois (coefficient de transformation en énergie primaire égal à 0,6). Des informations complémentaires sont à afficher : la consommation annuelle en kilowattheures d'énergie finale par mètre carré pour chaque usage, son équivalence d'émission en kilogrammes de CO_2, les besoins couverts par une énergie renouvelable.

Exemples de solutions techniques

En 2009, un bâtiment basse consommation peut être réalisé avec les technologies existantes et pour des coûts maîtrisés. Il est cependant indispensable que, dès l'amont, le maître d'ouvrage, l'architecte et le bureau thermique travaillent de concert afin d'obtenir une performance globale du bâtiment. Si l'objectif est d'atteindre le niveau A sur l'étiquette « énergie », la maîtrise d'œuvre est libre de ses choix de construction, de matériaux et d'équipements. La qualité de la mise en œuvre est avant tout la priorité.

Solutions et performances dans les projets BBC-Effinergie

Conception bioclimatique

Pour que le bâtiment soit basse consommation, il faut traiter prioritairement de façon passive la plupart des exigences de confort et de réduction des besoins énergétiques. Cela se traduit par une approche synthétique du plan masse et de la conception bioclimatique du bâti, le choix de l'orientation joue un grand rôle. Le traitement passif des exigences de réduction des besoins énergétiques concerne l'optimisation des apports solaires

– pour minimiser les consommations liées au chauffage – et des apports d'éclairage naturel – pour limiter l'utilisation de l'éclairage artificiel. La difficulté réside dans les choix, souvent contradictoires, qu'induisent ces différentes exigences de confort et d'économie d'énergie. Le meilleur compromis entre ces exigences devra être recherché d'abord par l'implantation des bâtiments puis par la disposition et l'orientation des locaux sur les façades, selon leur emploi.

Exemples de solutions

- privilégier la compacité du bâtiment ;

- optimiser les orientations et les tailles des baies vitrées, notamment en orientant au sud les séjours des logements ;

- rechercher les vues dégagées pour réduire l'utilisation de l'éclairage artificiel quelle que soit l'orientation ;

- préserver le confort d'été par des moyens passifs (bâtiments traversants, protections solaires fixes et mobiles, végétation, puits canadien…).

Isolation thermique renforcée

Pour réduire les besoins en chauffage, voire en climatisation, il faut limiter les déperditions au niveau de l'enveloppe du bâtiment : toiture, murs, planchers et vitrages.

Performances exigées

- déperditions thermiques des parois opaques : $Up \leq 0,2$ W/m^2.K ;

- déperditions thermiques des ouvrants et vitrages : $Uw \leq 1,4$ W/m^2.K ;

- traitements des ponts thermiques $< 0,25$ W/m^2.K.

Parmi les projets Prebat, 55 % ont une isolation par l'extérieur, 18 % comportent des triples vitrages, 20 % ont utilisé des isolants d'origine renouvelable tels que la ouate de cellulose et les fibres de bois.

Étanchéité à l'air du bâtiment

Avec l'amélioration de la performance énergétique des bâtiments, le poste de déperditions par renouvellement d'air représente une part de plus en plus importante dans le bilan de chauffage. Les infiltrations et les déperditions parasites doivent être limitées au maximum grâce à une étanchéité renforcée de l'enveloppe du bâtiment. Ainsi, la mesure de la perméabilité à l'air du bâtiment est obligatoire pour la délivrance du label BBC-Effinergie de logements (voir encadré p. 57). En France, le ventilateur est soit intégré à une porte d'entrée temporaire (Blower Door®) soit fixé directement sur le système de ventilation (Perméascope®).

Ventilation double flux

Avec une VMC double flux, au lieu de pénétrer directement par des entrées d'air dans les pièces principales, l'air neuf transite par le groupe de ventilation, où il est filtré, puis il est insufflé dans le bâtiment. Un système double flux participe à la maîtrise des consommations d'énergie, car il intègre un échangeur qui récupère la chaleur de l'air extrait et qui la transfère à l'air entrant, le préchauffant avant qu'il n'arrive dans le bâtiment.

Parmi les projets Prebat, 60 % sont équipés d'une ventilation double flux avec récupération d'énergie. Dans le tertiaire, on atteint 90 %.

PAC, chaudière à condensation, eau chaude solaire

Pour couvrir les faibles besoins de chauffage restants et la production d'eau chaude sanitaire, il faut, en toute logique, installer des équipements de chauffage, de production d'eau chaude et de régulation très performants, quelle que soit l'énergie utilisée : pompe à chaleur, chaudière à condensation, dispositifs de récupération de chaleur, régulation-programmation automatisée… et faire appel aux énergies renouvelables

Parmi les projets Prebat, 45 % des maisons individuelles et 40 % des projets tertiaires sont équipés d'une pompe à chaleur, 55 % des projets résidentiels sont pourvus d'une chaudière à condensation et 40 % des maisons individuelles ont recours à un poêle ou une chaudière bois. Dans l'ensemble, 90 % des projets font appel à une énergie renouvelable : solaire thermique pour l'eau chaude sanitaire (90 % des projets résidentiels) et photovoltaïque (55 % des projets tertiaires).

Des recours

Afin de résoudre les problèmes de terrain liés à la non-prise en compte de systèmes dans le cadre de la RT 2005, deux comités ont été mis en place.

Le Comité d'orientation et de suivi du label, en liaison avec la Direction de l'habitat, de l'urbanisme et des paysages (DHUP), a ainsi pour objectif de faire progresser les méthodes de calculs réglementaires, notamment en autorisant l'innovation et en recensant les éléments pour les futures réglementations : impact de la non-densité, impact du rapport SHON/SHAB, exigences dans les zones les plus froides et les plus chaudes, niveau d'exigence par rapport aux types d'usages…

Dans le cadre d'une demande de labellisation BBC-Effinergie, si un système ou une opération n'est pas pris en compte dans la réglementation thermique 2005 (exemple : poêle à bois, chauffe-eau thermodynamique, puits canadien…), la Commission titre V offre la possibilité de l'intégrer sous réserve de justification. Le maître d'ouvrage doit présenter un dossier de demande d'agrément.

Partenariat avec des organismes certificateurs

Pour promouvoir le label Effinergie, le mettre en application, assurer les contrôles et le valider, l'association Effinergie s'est adjoint le savoir-faire d'organismes certificateurs, tels que Certivéa pour les bâtiments tertiaires, Cerqual pour les immeubles collectifs et l'individuel groupé, Cequami pour l'individuel diffus ou encore Promotelec pour les logements chauffés à l'électricité.

CERTIFICATEUR	TYPE DE CONSTRUCTION	MARQUE DE CERTIFICATION	CHAMP DE CERTIFICATION	POUR EN SAVOIR PLUS
Cerqual	Maisons en secteur groupé Logements collectifs	BBC-Effinergie + certifications Qualitel et Habitat & Environnement	Certification multicritère accordée par opération	www.cerqual.fr
Céquami	Maisons individuelles en secteur diffus	BBC-Effinergie + certifications NF Maison individuelle et NF Maison individuelle démarche HQE	Accordé au constructeur pour l'ensemble de sa production	www.cequami.fr
Promotelec	Maisons en secteur diffus et groupés Logements collectifs	BBC-Effinergie + label Performance	Accordé opération par opération sur la performance énergétique	www.promotelec.com
Certivéa	Bâtiments tertiaires	BBC-Effinergie + certifications NF Bâtiments tertiaires et NF Bâtiments tertiaires démarche HQE	Certification multicritère accordée par opération	www.certivea.fr

Le label Effinergie est alors proposé en option avec des certifications existantes :

► NF Bâtiment tertiaire, démarche HQE®, certifiée par Certivea ;

► Qualitel et Habitat & Environnement, certifiés par Cerqual ;

► NF Maison individuelle, démarche HQE®, certifiée par Cequami ;

► Performance, certifiée par Promotelec.

Le label est délivré à la réception du bâtiment, de l'immeuble ou de la maison individuelle.

Aides financières

L'obtention du label BBC-Effinergie ouvre droit à des aides à l'investissement ou à des avantages : réduction de la taxe foncière, extension du coefficient d'occupation des sols, crédit d'impôt, bonus pour le prêt à taux zéro.

Réduction de la taxe foncière

Depuis le 1er janvier 2009, les collectivités locales et les établissements publics de coopération intercommunale peuvent instituer, sur délibération, une exonération de 50 ou 100 % sur cinq ans de la taxe foncière pour les constructions respectant le niveau BBC.

Extension du COS

Le conseil municipal ou l'établissement public de coopération intercommunale peut instituer, sur délibération, une autorisation de dépassement du COS de 20 %. Un plan local d'urbanisme (PLU) doit auparavant avoir déterminé le COS.

Crédit d'impôt

Depuis le 1er janvier 2009, les acquéreurs d'une résidence principale neuve, titulaire du label BBC-Effinergie, bénéficient d'un crédit d'impôt sur les intérêts d'emprunts de 40 % pendant sept ans, au lieu de 40 % la première année et de 20 % sur les suivantes. À titre d'exemple, une telle disposition peut générer jusqu'à 12 000 € d'économie pour un emprunt de 300 000 €.

Bonus pour le prêt à taux zéro

Le prêt à taux zéro (PTZ) est destiné aux primo-accédants pour l'achat de leur résidence principale selon des plafonds de ressources. Il est limité à 20 % du coût global de l'opération dans l'ancien et à 30 % dans le neuf. Un bonus de 20 000 € peut être accordé lors de l'acquisition d'un logement BBC. Ainsi, le surcoût de 7 à 15 %, par rapport à une construction RT 2005, peut être couvert par l'économie d'intérêt apportée par le bonus de l'Éco-PTZ de 20 000 €.

L'attribution du bonus de l'Éco-PTZ (20 000 €) et du crédit d'impôt (40 % pendant sept ans) aux constructions neuves de niveau BBC-Effinergie a pour intérêt de lancer ce niveau d'exigence chez les constructeurs et les industriels avant qu'il ne soit généralisé dans la RT 2012. Le développement en masse de ces nouveaux produits et de ces équipements performants devrait prochainement réduire le surcoût à 5 % et l'amortir rapidement grâce aux économies d'énergie de charges induites sur la facture énergétique (au coût actuel de l'énergie).

CHAPITRE 4

CERTIFICATIONS LOGEMENTS

Dans le secteur du logement, les exigences des particuliers, la multiplicité des donneurs d'ordre, la diversité de l'offre de produits, la complexité de mise en œuvre... sont autant de critères qui conduisent à mettre en place des indicateurs et des références voulus fiables et objectifs, dont l'application est certifiée par des organismes indépendants. La certification d'une opération de logements est une démarche volontaire, engagée par un maître d'ouvrage (bailleur social ou promoteur) qui choisit de faire contrôler et valider la qualité de ses programmes immobiliers.

Depuis quelques années, les certifications relatives à la qualité des logements se sont multipliées et diversifiées pour répondre aux différentes attentes, celles des futurs propriétaires et locataires, d'une part, et, d'autre part, celles des maîtres d'ouvrage et des promoteurs. Ces certifications appliquées aux logements neufs et existants sont en général multicritères, et offrent une possibilité de prendre des options mettant en valeur l'effort porté sur la qualité environnementale et/ou l'efficacité énergétique de l'opération.

Les organismes certificateurs

Les certifications sont délivrées par des organismes accrédités par le Comité français d'accréditation (Cofrac) suivant les critères d'un référentiel européen (EN 45011). Les organismes certificateurs accrédités pour les logements sont Qualitel, Cerqual, Cequami et Promotelec.

L'accréditation est une procédure qui atteste la compétence technique de l'organisme certificateur et la fiabilité de ses résultats. L'accréditation garantit également que l'entité accréditée exerce son activité selon la réglementation en vigueur, la déontologie de la profession et les règles de l'art internationalement acceptées. Pour garantir la conformité du système qualité et la compétence des personnels de l'organisme certificateur, en particulier technique, le Cofrac missionne des auditeurs qualiticiens et des experts techniques. Ceux-ci réalisent, ensuite, des contrôles périodiques auprès des accrédités, l'organisme étant accrédité pendant une durée de validité précise. Quant à la certification elle-même, c'est une procédure par laquelle un organisme indépendant donne l'assurance qu'un produit, un processus ou un service est conforme aux exigences d'un référentiel, mis au point et adopté par les professionnels, les représentants des consommateurs et l'organisme certificateur. Le référentiel, qui précise également les modalités de contrôle, est remis à jour régulièrement pour intégrer les évolutions réglementaires, normatives et techniques. La certification est une démarche volontaire, encadrée par la loi du 3 juin 1994 et par le décret du 30 mars 1995 du Code de la consommation.

La certification Qualitel : logement neuf

La certification Qualitel évalue la qualité technique de programmes immobiliers de logements neufs, collectifs ou individuels groupés, de résidences pour personnes âgées et de résidences pour étudiants. Elle porte principalement sur le confort acoustique, le confort thermique et la qualité des équipements, notamment de chauffage et de production d'eau chaude sanitaire. Elle prend également en considération la durabilité de l'enveloppe et évalue les économies potentielles de charges. Le niveau de performance donnant droit à la certification correspond à un pourcentage d'économie potentielle sur les charges de 5 %.

Pour répondre davantage aux attentes des maîtres d'ouvrage et des occupants des futurs logements, les options EC (économe en charges) ou TEC (très économe en charges) peuvent être attribuées à l'opération, lorsque le pourcentage d'économie atteint respectivement 10 % ou 14 %.

Les postes de charges pris en compte sont :

- les consommations d'eau froide individuelles et collectives ;
- les consommations de chauffage et d'eau chaude sanitaire ;
- les consommations d'électricité collective : parties communes, ascenseurs, système de ventilation, etc. ;
- la propreté : nettoyage des parties communes, entretien des abords, gestion des ordures ménagères ;
- la maintenance des équipements : robinetterie, ascenseurs, système de ventilation, etc.

Le critère « accessibilité et habitabilité des logements » est optionnel et correspond à une évaluation des dispositions architecturales et constructives facilitant l'usage des logements de l'opération aux personnes handicapées ou âgées.

En réponse à la nécessité actuelle de maîtrise de l'énergie, la priorité des maîtres d'ouvrages est devenue la baisse de la consommation d'énergie. En 2008, les opérations intégrant une option énergétique ont représenté 80 % des demandes de certification. Ainsi, le nombre des opérations se limitant au niveau réglementaire diminue chaque année, le niveau THPE (Très haute performance énergétique) augmentant dans une proportion équivalente.

Les trois étapes du processus de certification

En phase d'études et de conception, l'organisme certificateur Cerqual, filiale de Qualitel, analyse les documents techniques – plans, descriptifs, notes de calcul… – au regard du référentiel de la certification et en fonction des caractéristiques propres au projet.

Le maître d'ouvrage s'engage sur la conformité des logements aux plans et aux descriptifs et Cerqual lui délivre un certificat numéroté, propre à l'opération concernée.

Au-delà des vérifications réalisées par le bureau de contrôle, Cerqual assure lui-même des contrôles par sondage sur les logements certifiés, en fin de chantier ou au moment de la pré-réception, et réalise, notamment, des mesures acoustiques. Au moins une opération sur quatre est ainsi vérifiée.

Lors de la vente de logements, le maître d'ouvrage remet une attestation de certification à l'acquéreur, à la signature de l'acte définitif.

La certification Habitat & Environnement : logement neuf

Outre le respect des exigences de la certification Qualitel, la certification Habitat & Environnement prend en compte la préservation de l'environnement tout au long du cycle de vie des futurs logements. Elle est applicable aux opérations de logements neufs en immeubles collectifs et individuels groupés. Le maître d'ouvrage doit, en conséquence, faire des choix conceptuels et techniques, guidé par la volonté de préserver l'environnement. Il doit également impliquer tous les acteurs qui vont intervenir sur l'opération dans sa démarche environnementale et ensuite informer les futurs propriétaires ou locataires des précautions prises et à faire perdurer. La certification Habitat & Environnement propose une option Performance permettant de valoriser les programmes qui atteignent des niveaux de performance environnementale élevés. En dehors d'un audit du management environnemental de l'opération, le processus de certification est identique à celui de la certification Qualitel.

Les sept thèmes, regroupant plus d'une vingtaine de domaines techniques pour l'obtention de la certification Habitat & Environnement, portent sur :

- ▶ le management environnemental de l'opération : organisation du maître d'ouvrage pour la prise en compte du respect de l'environnement et obtention des niveaux de performances techniques, en phases programmation et conception ;
- ▶ le chantier propre : gestion des déchets, réduction des diverses nuisances ;
- ▶ l'énergie et la réduction de l'effet de serre : choix approprié de l'énergie, performances de l'enveloppe et des équipements ;

► le choix de matériaux respectueux de l'environnement et la durabilité de l'enveloppe ;

► l'eau : qualité des équipements individuels et collectifs, maîtrise des consommations ;

► le confort et la santé : acoustique intérieure et extérieure, confort thermique d'hiver et d'été, aération et ventilation des logements, adaptation des locaux au tri sélectif des déchets ménagers ;

► les gestes verts : remise aux occupants et au gestionnaire d'un guide décrivant les caractéristiques de l'opération et des logements, indiquant les bonnes pratiques afin de maintenir leurs performances environnementales.

La certification Habitat & Environnement exige au minimum le label HPE (Haute performance énergétique), soit la référence de la réglementation thermique RT 2005 moins 10 %. Depuis le 1er juillet 2007, la certification propose aux maîtres d'ouvrage qui veulent aller plus loin que le label HPE des labels encore plus performants et valorisants (voir chapitre 2, Les labels de la RT 2005) :

► label HPE EnR : Haute performance énergétique/énergies renouvelables ;

► label THPE : Très haute performance énergétique (ce label sera exigé pour obtenir la certification à partir de 2010) ;

► label THPE EnR : Très haute performance énergétique/énergies renouvelables ;

► label BBC-Effinergie : Bâtiments basse consommation énergétique.

Depuis la création de cette certification en 2003, le nombre d'opérations Habitat & Environnement double chaque année, grâce à la volonté politique de maîtres d'ouvrage motivés et de collectivités territoriales très impliquées dans la politique du logement.

La certifications Patrimoine habitat et Patrimoine habitat & environnement : logement existant

Réhabiliter le patrimoine existant est devenu un enjeu stratégique. Les certifications Patrimoine habitat et Patrimoine habitat & environnement, applicables aux immeubles et maisons individuelles groupées de plus de 10 ans, permettent aux maîtres d'ouvrage sociaux et promoteurs privés de valoriser les améliorations apportées à leur parc existant. Ces certifications sont délivrées par Cerqual patrimoine, filiale de Qualitel. Pour que cette valorisation soit objective, la qualité du ou des bâtiments est évaluée à partir d'une comparaison avant/après réhabilitation et d'un référentiel de niveaux de performances minimales.

Bilan patrimoine habitat

La première étape consiste en un Bilan patrimoine habitat (BPH) effectué de manière à pouvoir, à la fin des travaux de rénovation, valider les efforts accomplis. Donnant un état des lieux global avec ses points forts et ses insuffisances, il permet également de définir les améliorations prioritaires à apporter aux immeubles ou aux maisons.

Le Bilan patrimoine habitat comprend un bilan technique et un bilan documentaire. Visuel, il n'implique aucun démontage, sondage ou prélèvement qui pourraient nuire à l'existant et s'avérer coûteux. Le bilan documentaire recense les contrats d'entretien, les vérifications réglementaires et les obligations légales en vigueur sur le bâtiment. Le bilan technique consiste en 500 points de contrôle sur l'ensemble des parties communes et des espaces extérieurs et sur un échantillonnage de 5 à 10 % des logements. Chaque point fait l'objet d'une notation en A, B, C ou D. Dans le cadre d'une demande de certification, le maître d'ouvrage devra rénover de manière à supprimer les notes C et D, qui sont éliminatoires. Le Bilan patrimoine habitat comprend également le relevé des éléments nécessaires à l'estimation de la performance énergétique (EPE). Le rapport du Bilan patrimoine habitat est assorti d'une fiche de synthèse d'une page donnant une appréciation de l'état général du bâtiment.

C'est au maître d'ouvrage de choisir son prestataire. Il peut faire appel, ou non, à Cerqual patrimoine, qui lui fournit une liste de diagnostiqueurs habilités à réaliser un Bilan patrimoine habitat et dont l'activité est couverte par une assurance responsabilité professionnelle. Un maître d'ouvrage peut faire réaliser un Bilan patrimoine habitat, pour s'en servir comme outil de travail, sans aller jusqu'à la certification ; en revanche, ce bilan est un passage obligé pour l'obtention des certifications Patrimoine habitat et Patrimoine habitat & environnement.

Un Bilan patrimoine habitat allégé peut être demandé dans deux situations particulières : un changement d'affectation ou une réhabilitation lourde avec restructuration. En effet, lors de la transformation d'un bâtiment en immeuble d'habitation, les parties communes et les logements sont considérés comme étant à créer et à équiper et non pas à rénover. Il en est de même lors d'une restructuration partielle ou totale.

Certification Patrimoine habitat

Lorsqu'un maître d'ouvrage entreprend une démarche de certification Patrimoine habitat, Cerqual patrimoine étudie avec lui, dès l'avant-projet, les différents aspects de la réhabilitation. Il donne ensuite son avis sur les documents de consultation des entreprises puis valide l'ensemble au niveau des marchés. Si tous les critères sont réunis, il délivre la certification et les travaux doivent commencer dans l'année qui suit. Cerqual patrimoine vérifie à la fin des travaux si les engagements pris par le maître d'ouvrage ont bien été respectés.

Le référentiel Patrimoine habitat couvre 11 thèmes organisés en quatre grands domaines.

Organisation et information	Sécurité, incendie et santé	Qualité de l'enveloppe et des parties communes	Confort et performance des logements
Management d'opération	Sécurité des occupants	Équipements et confort des parties communes	Équipements techniques des logements
Chantier propre	Qualité sanitaire des logements (air intérieur, eau)	Clos et couvert	Performance énergétique
Gestes verts	Accessibilité et qualité d'usage	–	Confort acoustique

Trois thèmes sont requis pour obtenir la certification Patrimoine habitat, dont un obligatoire : le management d'opération. Les thèmes non retenus doivent atteindre les minima techniques définis dans le référentiel. Même si le maître d'ouvrage doit chercher tout d'abord à traiter les points faibles mis en avant lors du bilan, une liberté de choix stratégiques a été préservée pour tenir compte de la diversité et de l'hétérogénéité des situations. Ainsi, le maître d'ouvrage fixe ses objectifs thème par thème.

Certification Patrimoine habitat & environnement

Le maître d'ouvrage peut aussi opter pour une certification patrimoniale encore plus exigeante d'un point de vue environnemental : la certification Patrimoine habitat & environnement. Six thèmes au moins doivent être traités, dont quatre sont obligatoires : le management environnemental de l'opération, le chantier propre, les gestes verts et la performance énergétique des logements.

Performance énergétique

Le Grenelle de l'environnement a adopté l'idée d'un chantier sans précédent de rénovation thermique des bâtiments existants. L'objectif est de réduire globalement leur consommation d'énergie de 38 % d'ici à 2020. La performance énergétique des logements rénovés est, par conséquent, devenue une priorité. Pour y répondre, le référentiel des certifications Patrimoine habitat et Patrimoine habitat & environnement a intégré dans ses exigences celles de la réglementation thermique appliquée à l'existant, dite « globale », car elle définit un objectif de performance globale pour le bâtiment rénové. Depuis 2008, la réglementation globale s'applique obligatoirement aux rénovations de bâtiments achevés après 1948, si leur superficie est supérieure à 1 000 m^2 et/ou si le montant des travaux de rénovation thermique est supérieur à 25 % du coût de la construction. Ces rénovations lourdes doivent aussi faire l'objet d'une étude de faisabilité des approvisionnements en énergie préalablement au dépôt de la demande de permis de construire.

Le maître d'ouvrage peut avoir la volonté d'obtenir des logements basse consommation après leur rénovation et de viser le label BBC-Effinergie. Leur consommation énergétique globale doit alors être inférieure à 80 kWhep/m^2.an, valeur pondérée selon la zone climatique et l'altitude (voir p. 51).

Certification NF Logement : promoteurs

Contrairement aux autres certifications délivrées par Cerqual opération par opération, la certification NF Logement vise l'ensemble de la production réalisée en vente en l'état futur d'achèvement (Vefa) d'un promoteur. Elle porte sur des logements neufs collectifs ou individuels groupés, destinés à être vendus à des acquéreurs en vue de leur utilisation ou de leur mise en location. Pour obtenir cette certification, le promoteur doit s'engager globalement et durablement sur trois aspects : la qualité des services apportés aux acquéreurs, la qualité technique de ses ouvrages, la qualité de son organisation.

À cet effet, le promoteur doit mettre en place des procédures d'organisation lui permettant de garantir le bon management de ses programmes immobiliers. La société et les services du promoteur sont audités, des opérations réalisées sont contrôlées. Le promoteur doit également accompagner l'acquéreur dans son projet d'achat, de la commercialisation jusqu'au terme de la construction. Il doit disposer d'une garantie bancaire d'achèvement des travaux.

Par la qualité technique des ouvrages, on entend :

▶ le confort acoustique : performances des cloisonnements intérieurs et extérieurs ;

▶ le confort thermique et la ventilation, associés à de réelles performances énergétiques ;

▶ la sécurité vis-à-vis des risques d'intrusion ;

▶ l'accessibilité et l'adaptation au vieillissement ;

▶ la durabilité de l'ouvrage grâce au recours à des produits certifiés, au choix de carrelages, de moquettes et de parquets d'une grande longévité ;

▶ l'aménagement des cuisines et les prédispositions liées aux équipements ménagers.

Pour chaque domaine technique évalué sont définis trois niveaux de performance A, B et C (A étant le plus performant) afin de déterminer le profil de qualité technique des opérations du promoteur certifié.

Un promoteur souhaitant être certifié NF Logement doit s'astreindre à une démarche volontaire en cinq étapes :

▶ demande d'admission avec constitution d'un dossier complet sur son entreprise ;

▶ audit de la société et de ses services ;

▶ vérification d'opérations réalisées ;

▶ présentation du dossier pour avis au comité d'application et notification du droit d'usage de la marque NF Logement pour une durée de trois ans ;

▶ déclaration d'activité mensuelle à Cerqual.

Il peut ensuite appliquer la certification sur les opérations de son choix.

Le droit d'usage de la marque NF Logement est notifié pour une durée de trois ans et fait l'objet d'une surveillance via un audit de l'organisation après 18 mois et il est associé à la vérification d'opérations en conception et sur site (une opération sur quatre tirée au sort, et au moins une par an). Chaque mois, Cerqual enregistre les contrats du promoteur et délivre à ses clients les attestations de conformité de leur logement. Dans les six mois suivant la livraison, un formulaire d'enquête NF Logement est remis à l'acquéreur.

Certification NF Logement démarche HQE

Les promoteurs, déjà certifiés NF Logement, qui veulent faire valider et afficher leur engagement dans la prise en compte des enjeux environnementaux, peuvent demander la certification NF Logement démarche HQE. À cet effet, ils doivent intégrer le management environnemental de la qualité dans toutes leurs opérations, prendre en compte les 14 cibles HQE lors de la programmation de la qualité technique de leurs ouvrages et tenir compte de la dimension environnementale des services aux acquéreurs. Dès lors qu'un promoteur est titulaire du droit d'usage de la certification NF Logement démarche HQE (qu'il obtient à la suite d'un audit de son système de management environnemental d'opérations), il peut ensuite déterminer les opérations qu'il souhaite faire certifier NF Logement ou NF Logement démarche HQE. Cette certification lui permet aussi de fédérer ses différents partenaires et fournisseurs autour d'un objectif de développement durable.

La qualité technique et environnementale de chaque projet certifié NF Logement démarche HQE est évaluée selon trois niveaux de performance : Base (B), Performant (P), Très performant (TP). Les 14 cibles de la démarche HQE doivent être traitées de façon à obtenir trois cibles minimum en Très performant, quatre cibles minimum en Performant et sept cibles maximum en Base. Cas particulier, la cible « gestion de l'énergie » doit atteindre au moins le niveau P (Performant). Un outil d'auto-évaluation de la qualité environnementale est mis à disposition des titulaires de NF Logement démarche HQE sur Internet afin de faciliter l'évaluation de leurs projets.

La certification NF Logement démarche HQE affiche comme volonté d'offrir une garantie d'un niveau de qualité technique et environnementale recherchée par de futurs acquéreurs de plus en plus sensibilisés à la protection de l'environnement et à l'impact d'un logement confortable, économe et sain.

Certification NF Maison individuelle

La même démarche existe pour les constructeurs de maisons individuelles en secteurs diffus : les certifications NF Maison individuelle et NF Maison individuelle démarche HQE, délivrées par Cequami, filiale commune à Qualitel et au CSTB (Centre scientifique et technique du bâtiment).

Lors de la construction d'une maison, il est tout d'abord important de signer avec le constructeur un CCMI (contrat de construction de maison individuelle) conforme à la loi du 19 décembre 1990, qui garantit notamment un prix forfaitaire et un engagement de livraison. En plus du CCMI, choisir une maison certifiée NF assure aux acquéreurs, maîtres d'ouvrage, que le constructeur s'est engagé sur trois critères : la qualité de son organisation, la qualité des services apportés aux clients, le respect des exigences techniques sur la base d'un référentiel précis.

Une fois que le constructeur a obtenu la certification NF Maison individuelle, il fait l'objet d'audits et de contrôles réguliers, incluant des visites de chantiers, de la part de Cequami, et ce pendant toute la durée de validité de son certificat – trois ans renouvelables. Il doit apporter la preuve du respect de ses engagements. On compte plus de 140 constructeurs NF répartis sur l'ensemble du territoire, ce qui représente près de 12 % du marché des maisons en contrat de construction, et près de 15 000 maisons certifiées par an dont 2 600 chantiers contrôlés.

Les exigences et les vérifications portent sur :

- ▶ l'organisation et les compétences du constructeur :
  - structure, organisation de l'entreprise,
  - maîtrise du système qualité,
  - autocontrôles : contrat, qualité technique, relation client, SAV,
  - sélection et évaluation des entreprises sous-traitantes,
  - dispositif de mesure de la satisfaction ;
- ▶ le respect du contrat de construction, la qualité de conception et de réalisation de la maison dont :
  - l'adaptation au sol,
  - le respect de la réglementation technique et des règles de l'art,
  - l'étude thermique systématique,
  - le rapport de fond de fouille,
  - le dimensionnement des installations,
  - le choix de matériaux et d'équipements certifiés ou sous avis technique,
  - la limitation et maîtrise des travaux réservés ;
- ▶ les services apportés au particulier avant, pendant et après les travaux :
  - la clarté et la transparence d'informations lors de la phase de commercialisation,
  - l'organisation d'une réunion de reconnaissance du terrain,

- la planification d'une réunion de mise au point du projet avant le démarrage de chantier,
- une visite de fin de chantier en vue de préparer la réception des travaux,
- la réalisation d'une enquête de satisfaction client.

Certification NF Maison individuelle démarche HQE

La certification associée NF Maison individuelle démarche HQE renforce la certification avec trois objectifs complémentaires : maîtriser les impacts du bâtiment sur l'environnement extérieur, créer un environnement sain et confortable pour les occupants et préserver les ressources naturelles en optimisant leur usage. Une maison certifiée NF Maison individuelle démarche HQE est conçue et réalisée par un constructeur dont le savoir-faire en matière de qualité environnementale est reconnu et attesté par Cequami. L'ensemble des préoccupations environnementales, avant, pendant et après la construction, doit être pris en compte : éco-construction, éco-gestion, confort et santé. Dotée d'un niveau de performance supérieur à la réglementation et à la pratique courante, elle couvre l'ensemble des 14 cibles de la démarche HQE et plus particulièrement :

▶ l'intégration de la maison dans son environnement immédiat ;

▶ la diminution des impacts du chantier ;

▶ l'amélioration de la performance énergétique (niveau THPE) ;

▶ la diminution de la consommation de l'eau.

Cequami délivre également les cinq niveaux du label HPE aux maisons certifiées NF Maison individuelle ou NF Maison individuelle démarche HQE, dont le label BBC-Effinergie, dans le cas de maisons basse consommation (voir chapitre 2, Les labels associés à la RT 2005, p. 17).

Répartis à travers toute la France, 142 constructeurs sont certifiés NF Maison individuelle, dont 81 sont également titulaires de l'option démarche HQE.

Certification NF Maison rénovée

Le secteur de la rénovation de la maison individuelle (13 millions de logements en France) est particulièrement visé par les aides financières programmées dans le cadre du Grenelle de l'environnement. En lançant la certification NF Maison rénovée fin septembre 2009, Cequami a souhaité encourager l'émergence de professionnels, moteurs sur le marché de la rénovation globale de qualité, qui proposent aux occupants des ensembles de solutions. Ceux-ci intègrent la facilité d'utilisation, le confort et la qualité d'ambiance, tout en permettant une réduction des consommations d'énergie et des émissions de CO_2 pour un coût global acceptable.

Cequami a associé tous les acteurs du secteur – des représentants des corps de métiers aux associations agissant pour l'amélioration de l'habitat et le respect de l'environnement – à l'élaboration de cette certification. Cette dernière permet aux professionnels de la rénovation d'attester leur capacité à mener à bien une rénovation de qualité, en cohérence avec les pratiques courantes, la législation, les enjeux environnementaux, les attentes et les moyens des particuliers. Ceux-ci ont ainsi un repère leur permettant d'identifier plus facilement des professionnels capables d'apporter une réponse globale en cohérence avec les objectifs définis et le budget disponible.

Le référentiel prend en compte les fondements d'une rénovation globale. Après une évaluation initiale de la maison existante, le professionnel hiérarchise les priorités et élabore le projet de rénovation avec le particulier.

Il le fait à partir des préoccupations constitutives du référentiel qui porte sur sept thèmes principaux :

- sécurité des occupants : risques naturels et technologiques, stabilité de l'ouvrage, protection incendie, sécurité gaz, sécurité électrique, chute et glissance ;

- efficacité énergétique : consommation d'énergie, émissions de gaz à effet de serre, production d'énergie d'origine renouvelable ;

- confort : acoustique, visuel, hygrothermique et olfactif ;

- réduction des risques sanitaires : qualité sanitaire de l'air, qualité de l'eau, champs électromagnétiques ;

- gestion de l'eau : assainissement, réduction de la consommation de l'eau potable, récupération d'eau pluviale, gestion des eaux pluviales de la parcelle ;

- matériaux et équipements : caractéristique des matériaux et des équipements, facilité d'entretien et maintenance ;

- réduction des impacts du chantier : information et sensibilisation, réduction des nuisances, réduction des déchets.

La démarche HQE ainsi que le niveau BBC-Effinergie sont en option.

Les labels Promotelec : Performance, Rénovation énergétique

Label Performance

Organisme certificateur, Promotelec délivre le label Performance, qui cible essentiellement la performance énergétique des logements neufs (appartements ou maisons individuelles) pouvant justifier par une étude thermique de leur conformité à l'un des cinq niveaux du label HPE : HPE, THPE, HPE EnR, THPE EnR, BBC-Effinergie (voir chapitre 2, Les labels associés à la RT 2005). Pour les opérations comportant plusieurs logements et faisant l'objet d'un permis de construire collectif ou groupé, l'attribution du label Performance concerne l'ensemble des logements. Pour obtenir ce label, l'installation électrique, le chauffage, l'eau chaude sanitaire et l'isolation thermique doivent répondre à des critères définis dans les *Cahiers des prescriptions techniques* du label. Les vérifications portent sur le respect de ces dispositions et sur la performance énergétique des logements obtenue.

Promotelec assure la promotion de la qualité et de la sécurité des installations électriques. Cependant, le label Performance peut être attribué à des logements chauffés aussi bien à l'électricité qu'au gaz naturel, au GPL, avec une pompe à chaleur, au chauffage solaire ou à bois.

Label Rénovation énergétique

Promotelec délivre aussi le label Rénovation énergétique, destiné aux maisons individuelles et aux logements collectifs achevés depuis plus de cinq ans et faisant l'objet de travaux de rénovation. Le label Rénovation énergétique se décline en cinq mentions (voir tableau en page suivante) selon la performance énergétique obtenue : de 1 à 4 étoiles et Effinergie rénovation pour les logements consommant moins de 80 kWh/m^2.an après travaux de rénovation, valeur modulée selon la zone climatique et l'altitude (voir p. 51).

CERTIFICATIONS LOGEMENTS

4

Niveau label	Consommation (kWhep/m².an)	Émissions de CO_2
*	Consommation finale > 210 Gain énergétique > 50 %	
**	De 210 à 151	Pas d'augmentation de CO_2
***	De 150 à 101	Pas d'augmentation de CO_2
****	Inférieure à 100	Pas d'augmentation de CO_2
Effinergie rénovation	Inférieure à 80	Réduction des émissions de CO_2

Le maître d'ouvrage est guidé dans ses travaux par un expert en rénovation énergétique (ERE) qu'il choisit sur une liste proposée par Promotelec. Celui-ci dresse un bilan initial des consommations énergétiques, des préconisations de travaux et un bilan thermique projeté après avoir choisi les travaux à réaliser.

Les prescriptions techniques du label concernent :

▶ le bâti ;

▶ la ventilation ;

▶ le chauffage (électrique, gaz, fioul, bois, solaire, pompe à chaleur…) ;

▶ l'eau chaude sanitaire ;

▶ l'installation électrique ;

▶ l'installation gaz (éventuelle).

Le label Rénovation énergétique certifie la qualité des matériaux et matériels utilisés, ainsi que leur mise en œuvre, la mise en sécurité de l'installation électrique et de gaz, le cas échéant, et la performance du logement après travaux. Il remet également au propriétaire un DPE du logement après travaux.

CHAPITRE 5

CERTIFICATIONS ET BÂTIMENTS TERTIAIRES

À côté des qualités fonctionnelles et sécurisantes qu'ils en attendent, les acheteurs et loueurs de locaux tertiaires – de bureaux blancs (locaux construits sans futur acquéreur prévu, puis mis en vente), par exemple – sont aussi de plus en plus attentifs à leurs qualités environnementales et énergétiques. De même, les collectivités locales cherchent à montrer l'exemple et intègrent dans leurs cahiers des charges des exigences environnementales et énergétiques.

Les certifications relatives aux bâtiments tertiaires ou publics s'attachent à apporter des réponses précises aux nouvelles exigences environnementales et énergétiques. Leurs référentiels servent de cadre aux maîtres d'ouvrage de ces bâtiments qui veulent anticiper les réglementations techniques, notamment thermiques, à venir.

En effet, dès la fin de l'année 2010, tous les bâtiments et équipements publics ainsi que toutes les nouvelles constructions dans le secteur tertiaire devront être construits en basse consommation – c'est-à-dire ne pas dépasser en moyenne 50 kWh/ m^2.an – ou être à énergie zéro ou positive (voir p. 29-30).

Les maîtres d'ouvrage devront donc faire appel aux énergies renouvelables les plus performantes. D'autant que dans le cas de bâtiments à énergie positive, les collectivités territoriales auront la possibilité de vendre l'électricité sur le réseau. En outre, depuis 1er janvier 2008, une étude de faisabilité technique et économique des diverses solutions énergétiques (énergies renouvelables, réseau de chauffage, pompes à chaleur, chaudières à condensation, cogénération…) doit être réalisée pour toute demande de permis de construire dans le neuf et lors d'une rénovation lourde.

Ainsi, les référentiels ont pour rôle d'accompagner les maîtres d'ouvrage dans leur démarche de qualité environnementale et énergétique. Puis les certifications valorisent les performances obtenues via des paramètres mesurables, ainsi que le système de management mis en place pour les atteindre.

Ces certifications répondent aux attentes des maîtres d'ouvrage de bâtiments tertiaires volontaires, en attestant, prouvant et validant le respect de règles établies.

L'organisme certificateur

En France, seul Certivéa est habilité à certifier la qualité environnementale et énergétique des bâtiments tertiaires. Cet organisme a été créé en 2006 par le CSTB, dont il est une filiale à 100 %. Il a été accrédité par le Cofrac suivant les critères du référentiel européen EN 45011 (voir p. 65).

Certivéa missionne, pour ses prestations de certification en France métropolitaine, dans les DOM-TOM et à l'étranger, plus d'une centaine d'auditeurs salariés d'organismes ou indépendants. Il organise, pilote et forme ce réseau d'auditeurs, suit les procédures de certification et accompagne les professionnels lorsque ceux-ci sont confrontés à des questions opérationnelles spécifiques.

Pour les bâtiments tertiaires, Certivéa délivre trois types de certification :

▶ NF Bâtiments tertiaires démarche HQE® ;

▶ le label Haute performance énergétique (HPE) ;

▶ NF Bâtiments tertiaires en exploitation démarche HQE®.

En septembre 2009, les référentiels existants pour la certification NF Bâtiments tertiaires démarche HQE® concernaient :

▶ les immeubles de bureaux ;

▶ les bâtiments d'enseignement ;

▶ les bâtiments commerciaux ;

▶ les bâtiments et plateformes logistiques ainsi que les quais de messagerie ;

▶ les bâtiments hôteliers ;

▶ les établissements de santé.

Des travaux sont engagés pour développer de nouveaux référentiels dédiés aux opérations de rénovation, aux équipements sportifs (salles multisports, équipements aquatiques), aux centres de traitement des données, aux stations de traitement d'eau, aux bâtiments de restauration. Par ailleurs, Certivéa propose des certifications permettant aux acteurs de la construction de valoriser leur savoir-faire :

- NF Études thermiques® ;
- MPRO® Architecte ;
- Qualimo® ;
- Qualiprom® ;
- Qualirésidence(s)®.

Ces certifications deviennent des repères permettant aux maîtres d'ouvrage de faire appel à des professionnels dont les compétences ont été reconnues par un organisme tiers.

Enfin, Certivéa délivre une certification valorisant les compétences d'experts en construction : CSTB Compétence expert construction. Il s'agit en particulier d'experts mandatés par les compagnies d'assurance en cas de sinistre dans le bâtiment.

NF Bâtiments tertiaires démarche HQE® et/ou BBC-Effinergie

Lancée en 2005, la certification NF Bâtiments tertiaires démarche HQE permet de valoriser des bâtiments aux performances environnementales reconnues. Cette certification s'adresse à tous les maîtres d'ouvrage volontaires de bâtiments tertiaires, qu'ils soient publics ou privés, et concerne les phases de programmation, de conception et de réalisation. Elle leur permet de promouvoir les efforts qu'ils ont déployés pour réduire les impacts de leurs opérations sur l'environnement et la santé, et pour optimiser le confort.

La certification NF Bâtiments tertiaires démarche HQE couvre d'ores et déjà la plupart des différents secteurs de bâtiments tertiaires, y compris les bâtiments logistiques. Elle s'étendra progressivement à de nouvelles catégories telles que les bâtiments sportifs, culturels, industriels... Elle s'appuie sur des référentiels techniques élaborés par Certivéa, se basant sur les 14 cibles de la démarche HQE, auxquelles s'ajoute le système de management de l'opération. Celui-ci permet d'organiser les différentes étapes de l'opération pour atteindre le niveau des cibles environnementales fixé, depuis l'élaboration du programme jusqu'à la livraison.

Une variante spécifique sera proposée fin 2009 pour les opérations en rénovation, afin de répondre aux évolutions législatives et réglementaires issues du Grenelle de l'environnement.

Validation du respect des exigences

Le maître d'ouvrage d'une opération de construction neuve ou d'une réhabilitation lourde d'un bâtiment tertiaire qui souhaite obtenir cette certification doit mettre en place des dispositions répondant aux exigences du référentiel concerné (déterminé par le futur usage du bâtiment), s'engager à respecter les exigences de la certification contractualisée par un accord avec Certivéa et participer aux audits. Ces derniers sont réalisés aux trois phases clés de l'opération : le programme, la conception et la réalisation. Ils consistent à vérifier que les dispositions du système de management sont effectivement appliquées et opérationnelles et que la qualité environnementale du bâtiment répond au profil minimum requis. Si toutes les exigences ont bien été respectées et si les résultats ont été validés, Certivéa délivre le certificat, après avis de l'Association HQE et d'un comité d'application composé de représentants de maîtres d'ouvrage, d'utilisateurs de bâtiments tertiaires, d'acteurs de la filière construction et d'experts en construction.

La certification s'applique opération par opération. Cependant, dès lors qu'un maître d'ouvrage a réalisé au moins trois opérations certifiées, il peut mettre en place un « système de management général » qui permet un allégement du processus d'audits.

En septembre 2009, on comptait 351 bâtiments (en France et à l'étranger) certifiés NF Bâtiments tertiaires démarche HQE.

TYPES DE BÂTIMENTS	SURFACE (EN m²)	NOMBRE D'OPÉRATIONS	%
Bureaux publics et privés	4 363 441	233	72,36
Collèges	278 108	35	10,87
Écoles	62 796	16	4,97
Lycées	137 289	11	3,42
Crèches	10 161	8	2,48
Bibliothèques, médiathèques, conservatoires	21 824	8	2,48
Entrepôts	152 579	6	1,86
Commerces	143 619	3	0,93
Établissements de santé	90 441	2	0,62
Total	5 260 258	322	100 %

Source : Certivéa

Label Haute performance énergétique

Face à la constante augmentation des coûts de l'énergie et au regard de l'impact direct de la consommation énergétique des bâtiments sur l'environnement, la performance énergétique est devenue une priorité pour les maîtres d'ouvrage de bâtiments tertiaires. Afin de la mesurer précisément et de classer ainsi les bâtiments sur une échelle commune, cinq niveaux de label Haute performance énergétique ont été définis par l'arrêté du 8 mai 2007 (voir p. 22).

Depuis 2007, conformément aux conditions fixées dans cet arrêté, Certivéa, à la suite de la convention passée avec l'État, est habilité à délivrer ces labels dans le cadre spécifique des bâtiments tertiaires.

La pratique montre que la seule recherche d'une performance énergétique, sans intégration dans une démarche globale s'appuyant sur une réflexion environnementale multicritère, peut conduire à une « contre-référence ». De ce fait, la délivrance par Certivéa du label de performance énergétique s'effectue en association avec la certification NF Bâtiments tertiaires démarche HQE®. Le bâtiment doit alors satisfaire aux exigences du référentiel et justifier d'un profil minimal caractérisé par l'atteinte, sur les 14 cibles de la démarche HQE, de :

- trois cibles au niveau « Très performant » : meilleures pratiques ;

- quatre cibles au niveau « Performant » : bonnes pratiques ;

- sept cibles au niveau « Base » : pratiques courantes ou réglementaires.

La cible « Gestion de l'énergie » doit atteindre le niveau « Performant », équivalent au niveau Très haute performance énergétique (THPE).

Exceptionnellement, il est également possible d'associer la certification NF Bâtiments tertiaires au label BBC-Effinergie, sans appliquer globalement la démarche HQE®. Le bâtiment doit alors répondre aux exigences du référentiel et justifier d'un profil minimal se caractérisant par l'atteinte de 13 des 14 cibles au niveau « Base ». La cible « Gestion de l'énergie » doit atteindre le niveau « Très Performant », équivalent au niveau BBC (voir p. 91).

En septembre 2009, on comptait 151 demandes de labels, dont 50 au niveau BBC-Effinergie. Pour tous les niveaux de label, une vérification sur site est systématiquement réalisée à chaque opération (voir les 14 cibles, p. 14-15).

NF Bâtiments tertiaires en exploitation, démarche HQE®

La certification NF Bâtiments tertiaires en exploitation démarche HQE permet de distinguer des bâtiments en exploitation aux performances environnementales et énergétiques reconnues. Cette certification s'adresse à tout propriétaire, exploitant (avec accord du propriétaire) ou utilisateur (s'il occupe plus de 50 % des surfaces privatives du bâtiment), volontaire, de bâtiment tertiaire, public ou privé. Le porteur de la certification est celui qui met en œuvre le système de management et qui assume la responsabilité des exigences environnementales.

Cette certification s'adresse à tous les types de bâtiments tertiaires en exploitation, sauf aux bâtiments de santé – qui ne sont pas encore concernés. Elle s'applique opération par opération, mais un porteur de la certification peut généraliser la démarche à l'ensemble de son patrimoine et, dans ce cas, mettre en place un système de management général qui permet un allégement du processus d'audits.

La certification est délivrée à l'issue d'audits portant sur trois critères :

▶ la qualité environnementale intrinsèque du bâtiment ;

▶ le management environnemental de l'exploitation : maintenance des équipements, entretien des espaces, suivi des consommations et des paramètres de confort, etc. ;

▶ la qualité environnementale des pratiques : bonnes pratiques des occupants, de l'exploitant, des prestataires, etc.

Pour atteindre la certification NF Bâtiments tertiaires en exploitation démarche HQE, il convient d'ailleurs qu'une majorité des utilisateurs s'engage dans la démarche.

Le propriétaire, l'exploitant ou l'utilisateur d'un bâtiment tertiaire qui souhaite obtenir cette certification doit, par conséquent, mettre en place des dispositions répondant aux exigences des trois référentiels (un pour chacun des critères cités ci-dessus), s'engager à respecter les exigences de la certification, contractualisée par un accord avec Certivéa, et participer aux audits : un audit d'admission la première année et un audit de suivi les années suivantes. La certification est valable pour une durée de cinq ans, renouvelable.

Si toutes les exigences ont été respectées et si les résultats ont été validés, Certivéa délivre le certificat, après avis d'un comité composé de représentants de maîtres d'ouvrage, d'utilisateurs de bâtiment, d'acteurs de la filière construction et d'experts. Ceux-ci peuvent réclamer des examens complémentaires. Le porteur certifié peut ensuite valoriser la qualité environnementale de son exploitation dans sa communication.

Temporairement, cette certification peut ne pas être associée à la démarche HQE, lorsque la qualité environnementale intrinsèque du bâtiment en exploitation n'est pas à niveau le jour de la demande. Le demandeur doit alors s'engager à la satisfaire dans un délai de trois ans maximum.

Les certifications Certivéa pour les acteurs de la construction

Les professionnels de la construction peuvent, comme toute autre entreprise, mettre en œuvre une démarche qualité et s'engager dans une certification de cette démarche, délivrée par un organisme agréé. L'Afnor certification et le CSTB ont conçu des référentiels que l'on peut auditer et ont apporté une valeur ajoutée sur le fond, par rapport au référentiel ISO plus général, en les axant sur une approche métier. Les référentiels présentent ainsi l'avantage d'être rédigés dans le langage usuel des professionnels de la construction et de s'appuyer sur une véritable connaissance de celle-ci et de ses besoins. Ils rappellent les réglementations et les bonnes pratiques à prendre en compte et soulignent les points singuliers à traiter spécifiquement.

Les candidats à ce type de certification semblent davantage désireux de faire évoluer la qualité en interne et entre partenaires que de l'utiliser comme un outil de marketing, même si la certification est aussi un moyen de valorisation vis-à-vis de l'extérieur. Ils peuvent également considérer cette certification comme une étape dans le parcours à suivre pour obtenir la certification ISO 9001 ou ISO 14000.

NF Études thermiques®

Face à la priorité donnée actuellement à l'efficacité énergétique, la qualité des études thermiques doit être irréprochable. En vigueur depuis 2007, la certification NF Études thermiques garantit la conformité à la réglementation en vigueur et la pertinence des études remises aux clients ; elle certifie ainsi les compétences du bureau d'études. L'organisation interne du bureau d'études, les moyens qu'il possède et la qualité des calculs réalisés et des documents remis sont également analysés. Cette certification donne l'occasion aux bureaux d'études thermiques, engagés dans une démarche qualité, de faire valider celle-ci et de la faire valoir auprès de leurs clients potentiels.

La certification NF Études thermiques s'adresse donc aux bureaux d'études thermiques, lesquels sont ensuite titulaires du droit d'usage de la marque et peuvent alors certifier les études.

Les exigences portent sur :

▶ la qualité des études : bonne adéquation de l'étude avec le type de demande, auto-contrôle des études, traitement des anomalies, contenu du rapport, attestation de non-conformité ;

▶ la qualité des services : prescription et veille réglementaire, prescription qualité, prescription et veille technologique ;

▶ la qualité de l'organisation : compétences du bureau d'études, documentation, moyens de calculs, assurances, archivage, documents et données, planification, sous-traitance, réclamations, amélioration continue.

Pour évaluer le bureau d'études, Certivéa missionne des auditeurs qui réalisent un audit détaillé en interne des méthodes de travail et vérifient les dispositions mises en place par le bureau d'études demandeur pour satisfaire aux exigences du référentiel.

Si toutes les exigences ont bien été respectées et si les résultats ont été validés, Certivéa délivre le certificat, après avis d'un comité composé de représentants de bureaux d'études, de clients de bureaux d'études (maîtres d'ouvrage, promoteurs constructeurs), de producteurs d'énergie, de fabricants de matériaux, d'organismes de certification. La certification obtenue par le bureau d'études est valable pendant une durée de trois ans, renouvelable. Deux audits de suivi sont systématiquement effectués au cours de cette période.

En septembre 2009, sept bureaux d'études thermiques étaient porteurs de la certification NF Études thermiques et environ 50 000 études avaient été certifiées.

MPRO® Architecte

Instituée en 2001, la certification MPRO Architecte, à l'instar de la certification pour les bureaux d'études, atteste les compétences d'une agence d'architecture pour gérer les opérations de conception et de réalisation des projets de construction. Elle est délivrée à l'issue d'un audit de l'organisation de l'agence et s'appuie sur le respect d'exigences décrites dans un référentiel technique établi par l'Unsfa (Union nationale des syndicats français d'architectes).

Les exigences du référentiel portent sur :

▶ le management de la démarche qualité comme, par exemple, les méthodes mises en place pour impliquer les collaborateurs dans cette démarche ;

▶ la gestion des compétences et de la formation ;

▶ l'offre et le contrat ;

▶ le management des missions en elles-mêmes ;

▶ les prestations directement liées à la conception de l'ouvrage ;

▶ les prestations directement liées à sa réalisation ;

▶ les prestations complémentaires telles que l'assistance au maître d'ouvrage, la coordination SPS (sécurité, protection de la santé), études de diagnostic… ;

▶ l'évaluation de la satisfaction du client et le bilan de la mission ;

▶ le suivi précis des coûts d'agence pour chaque mission.

La certification délivrée par Certivéa est valable pour une durée de 18 mois, renouvelable.

Qualiprom®

Lancée en 2002, la certification Qualiprom s'adresse à tout promoteur constructeur de bâtiments tertiaires ou d'opérations de logement qui veut faire valider la qualité de son processus de management opérationnel. Qualiprom permet aux promoteurs candidats d'afficher vis-à-vis de leurs clients – acheteurs potentiels – la preuve d'une qualité reconnue par un organisme indépendant.

La certification Qualiprom incite le plus souvent les promoteurs constructeurs à faire évoluer l'organisation interne de leur entreprise, notamment les rapports entre tous les collaborateurs, ainsi que les relations avec les partenaires. L'objectif de Qualiprom est en effet d'aider les différents acteurs d'un projet à mieux travailler ensemble, du programme jusqu'à l'exécution, d'où, par exemple, l'importance de la préparation de chantier. La certification a aussi l'avantage d'induire une obligation de traçabilité, d'écriture et de communication, car les défauts à la réception d'une opération sont souvent liés à des non-dits et à des malentendus.

Délivrée à l'issue d'un audit de l'organisation de la société, la certification Qualiprom atteste le respect des exigences décrites dans un référentiel technique établi par le CSTB et Afnor Certification avec la Fédération nationale des promoteurs constructeurs (FNPC).

Les exigences portent sur :

- les différentes orientations développées par la direction en matière d'organisation et de développement ;
- la maîtrise de la documentation ;
- la planification des opérations ;
- les actes d'engagement ;
- les documents de référence de programmation pour la conception architecturale et technique de bâtiments, rappelant les objectifs de l'opération ;
- les contrats avec les prestataires et les sous-traitants ;
- les suivis de la conception et de la réalisation de l'ouvrage ;
- la démarche de commercialisation ;
- les garanties et les services ;
- les processus mis en place pour une démarche d'amélioration continue.

La certification délivrée par Certivéa est valable pendant une durée de trois ans, renouvelable. Un audit de suivi est pratiqué 18 mois après la date de certification. En septembre 2009, 20 promoteurs constructeurs étaient certifiés.

Qualimo®

Créée en 2001, la certification Qualimo a la particularité de concerner précisément la maîtrise d'ouvrage de logements neufs à vocation locative comme, par exemple, les offices publics de HLM, les Opac ou les entreprises sociales pour l'habitat (ESH). Qualimo s'adresse donc également à de futurs gestionnaires. L'objectif de Qualimo est de démontrer l'aptitude du maître d'ouvrage à maîtriser ses processus de construction, depuis l'étude d'opportunité jusqu'à la fin de l'année de parfait achèvement, ainsi que les délais et les coûts.

À travers la démarche Qualimo, le maître d'ouvrage cherche tout d'abord à clarifier le rôle des acteurs et en premier lieu au sein de son entreprise, ce qui l'amène souvent à revoir son organisation interne. Le but de cette réorganisation est de mieux adapter les produits et les services aux besoins des futurs locataires. Cette évolution des pratiques professionnelles en interne doit ensuite s'étendre à l'extérieur vers les autres partenaires de la construction. Ainsi, Qualimo incite davantage à faire évoluer la gestion des interfaces entre les acteurs que les métiers eux-mêmes, pour une plus grande cohérence interne et une plus grande cohérence de la filière.

La certification Qualimo est délivrée à l'issue d'un audit de l'organisation de l'activité construction neuve du maître d'ouvrage. Elle s'appuie pour cela sur un référentiel établi par l'Union sociale pour l'habitat.

Les exigences portent sur :

- ▶ la maîtrise des activités fonctionnelles liées à l'organisation ;
- ▶ la maîtrise des activités de réalisation des opérations ;
- ▶ les études d'opportunité ;
- ▶ les études de faisabilité ;
- ▶ les programmes ;
- ▶ les contrats des intervenants pour la phase de conception ;
- ▶ les suivis de conception ;
- ▶ la passation des marchés de travaux ;
- ▶ la préparation des chantiers ;
- ▶ les actions du maître d'ouvrage pendant la réalisation ;
- ▶ la réception des ouvrages ;
- ▶ la livraison aux gestionnaires.

La certification est délivrée à l'issue d'un audit externe vérifiant que les exigences du référentiel ont bien été respectées.

Qualirésidence(s)®

Instaurée en 2006, la certification Qualirésidence(s) s'adresse à tout gestionnaire d'une ou de plusieurs résidences – publiques ou privées – et valide sa capacité à mettre en œuvre des processus efficaces pour en améliorer la gestion qualitative. Une démarche structurée doit être conçue et appliquée de manière à répondre aux enjeux et aux attentes des habitants de résidences. Elle doit aussi faire progresser les relations avec les partenaires (collectivités locales, services publics, prestataires de services, entreprises sous contrat…) qui contribuent à la qualité du service rendu aux résidents.

Les exigences du référentiel, établi en collaboration avec des professionnels, portent sur :

- le pilotage par la direction générale de l'organisme de gestion ;
- la capacité de conduite d'un projet d'amélioration de la qualité de la gestion résidentielle ;
- la communication avec les résidents et les partenaires, après avoir défini un plan de communication du projet dans lequel les uns et les autres sont impliqués. Les habitants doivent au moins être informés des objectifs et du plan d'action, de la réalisation annuelle du projet et de l'évaluation des résultats ;
- le diagnostic des opportunités, des problèmes et l'identification des améliorations potentielles ;
- la stratégie et la définition des objectifs ;
- la définition du plan d'action ;
- le suivi de la mise en œuvre du plan d'action ;
- l'évaluation des résultats du projet.

La certification est attribuée pour une durée de trois ans, renouvelable, au cours de laquelle deux audits de suivi sont systématiquement effectués.

CSTB Compétence expert construction®

En collaboration avec le CSTB et la Compagnie française des experts construction (CFEC), Certivéa a développé une certification attestant spécifiquement les compétences des experts construction : CSTB Compétence expert construction. En septembre 2009, on comptait 159 experts construction certifiés. Les exigences portent sur :

▶ la formation initiale et l'expérience professionnelle de l'expert ;

▶ la connaissance technique des différentes pathologies couramment traitées ;

▶ la qualité et la conformité des études réalisées ;

▶ la validité des analyses de caractère technique ;

▶ la prise en compte des réclamations ;

▶ l'engagement dans une démarche d'amélioration continue.

Certivéa délivre le certificat à l'issue d'un examen annuel visant à vérifier les connaissances et aptitudes du candidat. Cet examen comprend une session écrite d'une journée et un entretien avec un jury composé d'experts et d'assureurs. Le certificat est valable trois ans.

CHAPITRE 6

DIAGNOSTIC DE PERFORMANCE ÉNERGÉTIQUE

Le Diagnostic de performance énergétique (DPE) n'est pas à proprement parler un label ou une certification. Cependant, il a aussi pour but de promouvoir la performance énergétique d'un logement ou d'un bâtiment auprès de futurs occupants. Et si cette performance n'est pas à niveau, le DPE incite les propriétaires et gestionnaires à réaliser des travaux d'efficacité énergétique, qui occasionnent par conséquent des réductions de charges, le diagnostiqueur ayant un rôle de conseiller.

Une obligation réglementaire

Depuis novembre 2006 pour la vente d'un logement existant et depuis juillet 2007 pour la vente ou la location d'un logement neuf ou existant, un DPE doit être réalisé et annexé à l'acte de vente ou au bail de location. Le niveau de consommation obtenu est comparé à une échelle de référence et le résultat synthétisé sous la forme de deux étiquettes, « Énergie » et « Climat », similaires aux Étiquettes énergie destinées à l'électroménager. Le diagnostic est accompagné de recommandations permettant d'économiser l'énergie et d'améliorer la performance énergétique du logement ou du bâtiment.

La validité du DPE est de 10 ans mais, à la différence du diagnostic amiante, plomb ou termites, ce diagnostic thermique n'a qu'une valeur informative : l'acquéreur ou le locataire ne peut s'en prévaloir à l'encontre du propriétaire. Il n'est donc pas opposable. L'obligation de fournir un DPE s'applique pour le moment en France métropolitaine uniquement. Les bâtiments tertiaires en location n'y sont pas non plus soumis, de même que les maisons de retraite et les foyers. En revanche, les résidences universitaires doivent réaliser un DPE.

Pour montrer l'exemple, depuis janvier 2008, les bâtiments recevant du public doivent faire réaliser un DPE et afficher son résultat de manière visible pour les visiteurs, à proximité de l'entrée principale ou du point d'accueil. Le DPE des bâtiments publics contient les mêmes informations que celui réalisé pour un logement ou un bâtiment tertiaire.

Une information pédagogique

Pour pouvoir afficher un résumé du DPE de manière pédagogique, celui-ci est interprété sur des échelles de référence allant de A (« Économe en énergie, faible émission de gaz à effet de serre ») à G (« Énergivore, forte émission de gaz à effet de serre »), sous forme de deux étiquettes. Sur l'étiquette « Énergie », la performance en termes de consommation annuelle d'énergie est indiquée à la fois en kilowattheures par mètre carré et par an, et en euros. Sur l'étiquette « Climat », la performance en termes d'émission de gaz à effet de serre (GES) est exprimée en kilogrammes d'équivalent CO_2 par mètre carré et par an.

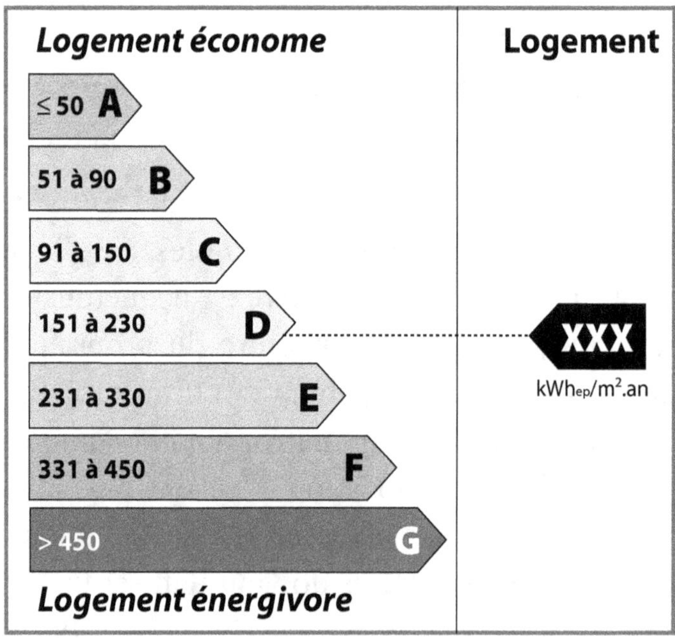

Étiquette « Énergie »

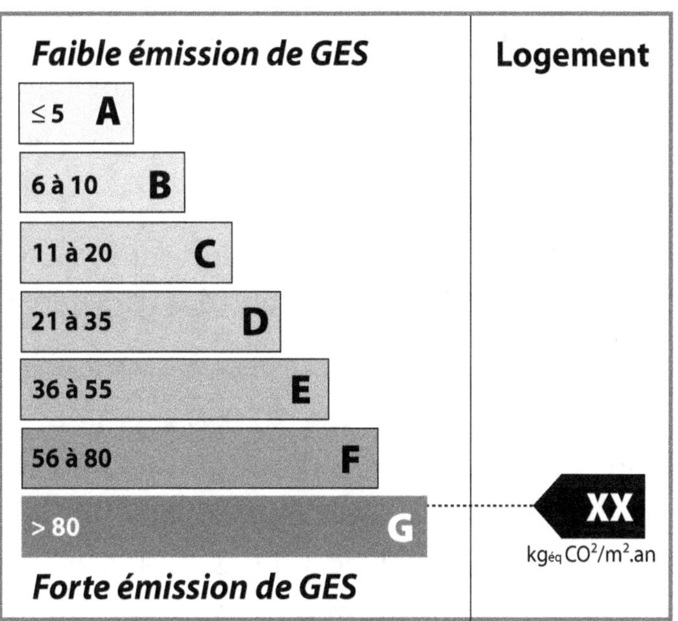

Étiquette « Climat »

Des aides pour les particuliers

Le diagnostic est accompagné de conseils de bon usage et de bonne gestion du logement ou du bâtiment et de ses équipements, ainsi que de recommandations de travaux destinées à inciter le propriétaire ou le gestionnaire à améliorer la performance énergétique. Ces travaux peuvent profiter d'aides et de prêts à taux préférentiels. Les particuliers peuvent notamment bénéficier du nouveau éco-prêt à taux zéro, du crédit d'impôt développement durable, d'une TVA à 5,5 %, de subventions de l'Anah (Agence nationale de l'habitat), d'aides de collectivités locales, de prêts ciblés.

L'Éco-PTZ

La loi de finances 2009 a adopté un engagement du Grenelle de l'environnement, l'éco-prêt à taux zéro, pour inciter à la rénovation énergétique des logements. L'éco-PTZ concerne les logements achevés avant le 1er janvier 1990 et habités en résidence principale. Son obtention est soumise à la réalisation d'un bouquet de travaux (une combinaison d'au moins deux catégories de travaux éligibles) ou à l'amélioration de la performance énergétique globale du logement de façon à atteindre un niveau minimal.

Les matériaux et équipements doivent être fournis et posés par des professionnels et répondre à des caractéristiques techniques minimales.

Le montant du prêt est de 20 000 € si le bouquet est de deux travaux et de 30 000 € s'il est de trois travaux, ou si l'on opte pour l'amélioration de la performance énergétique globale du logement, en passant de plus de 180 kWh/m².an à moins de 150 kWh/m².an ou de moins de 180 kWh/m².an à moins de 80 kWh/m².an.

La durée maximale du prêt est de 10 ans. Jusqu'au 1er janvier 2011, il est possible de cumuler l'éco-PTZ et le crédit d'impôt.

Le crédit d'impôt

La loi de finance 2009 a modifié et prolongé, jusqu'au 31 décembre 2012, le crédit d'impôt en faveur du développement durable et des économies d'énergie.

Les changements à la baisse : les chaudières basse température et les pompes à chaleur (PAC) air-air ne sont plus éligibles au crédit d'impôt ; le taux applicable aux appareils de chauffage au bois et aux PAC passe de 50 à 40 % pour les dépenses payées en 2009, puis à 25 % pour celles payées à compter de 2010 (sauf logements achevés avant 1977 et travaux réalisés dans les deux années suivant l'acquisition).

Les changements à la hausse : crédit d'impôt étendu aux frais de main-d'œuvre pour les travaux d'isolation thermique des parois opaques ; crédit d'impôt de 50 % pour un DPE non obligatoire ; crédit d'impôt étendu aux propriétaires-bailleurs pour des logements de plus de deux ans loués à titre de résidence principale pendant au moins cinq ans.

Économies partagées

Lorsque le logement loué est situé dans un immeuble collectif, le DPE ne concerne pour le moment que les parties privatives, c'est-à-dire l'appartement. Le projet de loi Grenelle 2 propose de trouver un consensus pour que les économies de charges obtenues suite à des travaux d'économies d'énergie soient réparties entre le propriétaire-bailleur et le locataire. Ce partage des investissements devrait inciter à la rénovation des logements locatifs et particulièrement de ceux construits avant la réglementation thermique de 1974, soit près de 75 % des logements en location. En effet, jusqu'alors, un propriétaire-bailleur considérait avoir peu d'intérêt à investir dans les économies d'énergie dont bénéficiait le seul locataire, contrairement à un propriétaire-occupant.

Deux possibilités de contributions sont envisagées.

▶ Soit la moitié au maximum des économies réalisées sur la facture énergétique est reversée au propriétaire-bailleur à l'issue des travaux. Cette somme est fonction du retour sur investissement estimé ou des résultats d'un audit ayant calculé le gain sur les consommations.

▶ Soit les bailleurs pourront, pour les logements construits avant 1948, réclamer dans la quittance de loyer un forfait supplémentaire de 20 € maximum par mois. Le montant sera fixe non révisable, ce pour une durée de 10 à 15 ans. Suite à une étude qu'elle a réalisée en février 2009, l'Ademe estime que, dans tous les cas, le mécanisme est favorable au locataire, qui réalise plus d'économies qu'il ne paye de surplus sur son loyer.

Dans un premier temps, seuls les travaux réalisés dans les parties communes seront concernés, par exemple l'installation d'une nouvelle chaudière collective, mais une extension aux parties privatives des logements loués, si les travaux sont d'intérêt collectif, est envisagée.

Calcul du DPE

Le contenu du DPE est réglementé et prend en compte les consommations d'énergie liées au chauffage, à la production d'eau chaude sanitaire, au refroidissement et à la ventilation. Il décrit le bâtiment ou le logement et les équipements concernés par les consommations d'énergie, ainsi que leurs conditions d'utilisation.

Dans l'existant, deux types de méthodes d'évaluation de la performance énergétique des bâtiments sont utilisables.

▶ Pour des maisons et des appartements avec chauffage et production d'eau chaude individuels, le calcul des consommations d'énergie et des émissions de CO_2 est théorique. Elles sont estimées à partir des caractéristiques du bâti et des équipements, et pour une utilisation standard.

▶ Pour les autres bâtiments, dont les logements en copropriété avec une installation de chauffage et de production d'eau chaude collective, les calculs de consommations réelles se font sur la base de décomptes de charges ou de relevés de consommations. Dans le cas où le diagnostiqueur ne peut avoir accès aux factures d'énergie, il lui est dans certains cas possible d'utiliser une méthode de calcul conventionnelle pour effectuer les estimations de consommations énergétiques.

Dans le neuf, la RT 2005 sert de base pour effectuer le DPE des logements et bâtiments tertiaires. Il est calculé par un diagnostiqueur à partir de la fiche de synthèse du calcul réglementaire réalisé par le bureau d'études au moment de la conception.

Des diagnostiqueurs aux compétences reconnues

6

DIAGNOSTIC DE PERFORMANCE ÉNERGÉTIQUE

Le DPE doit être effectué par un diagnostiqueur immobilier qualifié ou par un bureau d'études thermiques. Les DPE de logements concernent plusieurs milliers de diagnostiqueurs immobiliers en France, le nombre de transactions étant de plus de deux millions par an et la validité du DPE de 10 ans.

Depuis le 1er novembre 2007, tout diagnostiqueur immobilier doit être certifié par un organisme accrédité et avoir souscrit une assurance (*JO* du 7 septembre 2006). Ses compétences thermiques nécessaires pour effectuer des DPE doivent par conséquent être validées, et un document attestant que le diagnostiqueur est en règle au regard de ces obligations doit être remis au client. Les prescripteurs de DPE doivent donc veiller à ce que le diagnostiqueur ait bien été formé et possède cette attestation. Les particuliers peuvent se renseigner auprès des Espaces-info énergie de l'Ademe (tél. : 0 810 060 050), habilités à renseigner le public sur les modalités de réalisation et le contenu du DPE.

Le coût des diagnostics incombe en cas de vente au vendeur, en cas de construction au maître d'ouvrage, et en cas de location au propriétaire-bailleur. Les tarifs des diagnostics n'étant pas réglementés, il est recommandé de mettre en concurrence plusieurs diagnostiqueurs ou de demander à l'agent immobilier de fournir plusieurs références. En moyenne, les prix d'un DPE varient entre 150 et 250 €, mais tout dépend du type de bien à diagnostiquer.

La validité de 10 ans du DPE perdure quels que soient les travaux entrepris sur le bâtiment durant cette période. Cependant, suite à des travaux d'amélioration énergétique, notamment ceux recommandés lors du DPE, le propriétaire a le plus souvent intérêt à faire réaliser un nouveau DPE, qui sera représentatif du bien rénové, surtout si celui-ci doit être loué ou vendu. La réalisation d'un DPE non obligatoire bénéficie d'un crédit d'impôt de 50 %.

EXEMPLES D'OPÉRATIONS CERTIFIÉES OU LABELLISÉES

MINER**G**IE

Minergie, Passivhaus et Effinergie

Réalisations labellisées Minergie

Une enveloppe très performante

Maître d'ouvrage : M. et Mme Guillot-Dulac
Architecte : Fabrice Moretti
Entreprise générale : maisons Dauphine Savoie
Études fluides : Bastide et Bondoux

Située à Challes dans l'Ain, cette maison, à l'architecture traditionnelle, présente une surface habitable de 186 m^2.

L'isolation de l'enveloppe de la maison a été renforcée :

▶ isolation toiture : 32 cm d'ouate de cellulose ;

▶ isolation des murs : 15,4 cm d'ouate de cellulose ;

▶ isolation du sol en contact avec le terrain : U = 0 ,22 ;

▶ fenêtres avec double-vitrage à faible émissivité et lame argon, Ug = 1,6.

Le système de ventilation est à double-flux, et le chauffage est assuré par une pompe à chaleur géothermique à capteurs verticaux, reliée à un plancher chauffant hydraulique, et par un poêle à bûches en appoint.

L'eau chaude sanitaire est assurée par un chauffe-eau solaire individuel avec deux capteurs thermiques de 5 m^2 et un ballon de 3 000 litres.

La récupération des eaux de pluie est faite dans une cuve extérieure en ciment d'une capacité de 500 litres.

Des besoins en chauffage inférieurs à 15 kWh/m².an

Maître d'ouvrage : un particulier
Architecte : agence Canale 3 Architecture
Études fluides : S2T
Études structures : Betc Masse

Situé à Paris dans le XXe arrondissement, cet immeuble d'habitat collectif propose 4 logements du T1 au T4 pour une surface habitable totale de 338 m². Les besoins en chauffage ne devrait pas dépasser 14,7 kWh/m².an.

La structure de l'immeuble est en profilés acier et l'isolation de l'enveloppe a été renforcée :

- isolation toiture : 40 cm de laine de bois ;
- isolation des murs en contact avec l'extérieur et mitoyens : 34 cm de laine de bois ;
- isolation des murs en contact avec le terrain : 16 cm de mousse phénolique ;
- isolation entre le rez-de-chaussée et le sous-sol : 35 cm de laine de roche sous dalle de 22 cm ;
- fenêtres avec triple vitrage, Uw = 0,7.

Le système de ventilation est à double-flux avec échangeur thermique rotatif (jusqu'à 90 % de rendement).

Le chauffage est assuré par une pompe à chaleur géothermique à capteurs verticaux (150 m) : pieux de fondation en béton armé intégrant les sondes géothermiques.

La récupération de chaleur des eaux usées assure le préchauffage de l'eau chaude sanitaire.

EXEMPLES D'OPÉRATIONS CERTIFIÉES OU LABELLISÉES

Un puits canadien hydraulique

Maître d'ouvrage : Pluralis
Architecte : Rigassi Architecte
Études fluides : Traulle

Située à La Terrasse en Isère, « la Petite Chartreuse » est composée de deux bâtiments Minergie (174 m²) et Minergie P (328 m²), abritant au total 6 appartements. La façade nord-nord-ouest du bâtiment Minergie est partiellement enterrée mais le bâtiment est moins isolé globalement que le bâtiment Minergie P.

L'isolation de l'enveloppe des immeubles a été renforcée :
- isolation des murs en ossature bois : 32 cm de laine de bois ;
- isolation par l'extérieur de la façade enterrée : 12 cm de polystyrène expansé ;
- isolation du plancher : 20 cm de polystyrène extrudé sous dallage ;
- isolation du plancher de toiture sous grenier : 40 cm de laine de bois ;
- fenêtres avec triple vitrage.

Le système de ventilation double-flux est associé à une pompe à chaleur. L'air pulsé est préchauffé en hiver ou rafraîchi en été par un puit canadien hydraulique.

La production d'eau chaude sanitaire est assurée par 4,8 m² de panneaux solaires thermiques sur chaque bâtiment avec la pompe à chaleur en appoint.

Des murs capteurs

Entreprise générale : Mio'terr (maisons bioclimatiques et territoires)
Maîtrise d'œuvre : Matières d'espaces architectes ingénieurs associés
Charpente : Bois et Structures de Paris

Les besoins en chauffage de cette maison, de 113 m² de surface habitable et 141,5 m² de surface utile située à Briis-sous-Forges dans l'Essonne, ne devraient pas dépasser 35 kWh/m².an.

L'isolation de l'enveloppe de la maison a été renforcée :
- isolation toiture : panneaux sandwich (bois/polystyrène/bois) de 20 cm + 27 cm de fibres de bois ;
- isolation des murs : 14 cm de laine de bois + 6 cm de fibres de bois à l'extérieur ;
- isolation du plancher : 12 cm de polystyrène extrudé sous dallage ;
- fenêtres avec double-vitrage à faible émissivité et lame argon.

Le chauffage de la maison est assurée par 12 m² de murs capteurs en façade sud : doubles vitrages positionnés devant des murs maçonnés de 20 cm, équipés de brise-soleil extérieurs (en blanc sur la photo) + un poêle à bûches de 6,5 kW et, en appoint, un sèche-serviettes électrique dans la salle de bains.

La production d'eau chaude sanitaire est assurée par un ballon thermodynamique avec pompe à chaleur sur air extérieur puisant les calories de la ventilation.

La récupération des eaux de pluie assure l'alimentation des toilettes, du lave-linge et du jardin.

EXEMPLES D'OPÉRATIONS CERTIFIÉES OU LABELLISÉES

Réalisations labellisées La Maison Passive

Maisons dans le sud, sans climatisation, ni chauffage

Maître d'ouvrage : Vision Eco-Habitats

Cette maison Carroz de 150 m² fait partie des villas passives « Vision », toutes certifiées par le Passivhaus Institut allemand. Pour atteindre cette performance, l'ensemble des techniques courantes de construction a été revu : empreinte environnementale, économies d'énergie, confort de vie et qualité de l'air intérieur. Les consommations en énergie primaire (chauffage, eau chaude) représentent 7,5 kWh/m².an.

Les principaux moyens mis en œuvre :

- béton banché isolé par l'extérieur. Choix du béton, malgré l'énergie grise supérieure à celle par exemple consommée par une construction bois, pour son inertie favorable au confort d'été pour ces villas méditerranéennes et pour son étanchéité à l'air durable dans le temps ;
- isolation par l'extérieur en polystyrène expansible, 23 cm ;
- ventilation double flux à récupération de chaleur > à 85 %, couplée à un puits canadien ;
- pas de climatisation, régulation des apports solaires à l'aide de casquettes, de stores extérieurs à lamelles orientables, de végétation à feuilles caduques ;
- pas d'équipement de chauffage, apports de chaleur par solaire passif, apports internes, ventilation double flux, puits canadien ;
- production d'eau chaude sanitaire solaire (4,5 m²). Appoint en hiver par micro pompe à chaleur à haut rendement, couplée sur le système de ventilation ;
- photovoltaïque : puissance 2 990 Wc, production annuelle 4 400 kWh, revenu annuel 2 200 € ;
- récupération des eaux pluviales : 15 m³ pour les chasses d'eau et le jardin.

1re maison passive certifiée en Ile-de-France : BBC – 30 %

Architectes : cabinet Karawitz
Bureaux d'études thermiques : Karawitz Architecture – Solares Bauen

Cette maison passive 161 m^2, située à Bessancourt (95), ne devrait consommer en moyenne que 11 kWh/m^2.an pour le chauffage.

Les principaux moyens mis en œuvre :
- forme compacte ;
- maison très fermée au nord pour limiter les déperditions et très ouverte au sud pour profiter des apports solaires gratuits ;
- structure : assemblage de panneaux de bois massif non traités de très grande dimension, préfabriqués en atelier et assemblés sur place en deux semaines ;
- seconde peau en bambou ;
- bardage ajouré en mélèze non traité, passant devant les fenêtres au nord, est et ouest, et se retournant sur la toiture ;
- volets panneaux rigides en bambou sur les grandes baies du sud ;
- fenêtres à triple vitrage, menuiseries bois ;
- ventilation double flux ;
- panneaux thermiques et photovoltaïques (25 m^2 produisant 4 485 kWh/an d'électricité) ;
- en toiture.

© Karawitz Architecture

« De la passivité à la positivité » à Saint-Dié-des-Vosges

Maître d'ouvrage : Le Toit Vosgien
Architecte : F. Lausecker
Bureau d'études thermique : Gest'Energie
Bureau d'études bois : Act'bois

« Les Héliades » sont composées de 30 logements, traversants et dotés d'une loggia au sud, répartis en deux immeubles R+3 et R+4, sur un site difficile avec des aménagements paysagers de qualité. La structure est en ossature bois avec attique, les planchers et les murs de refend en panneaux de grandes dimensions contrecollés KLH préfabriqués. L'enveloppe est isolée par l'extérieur en laine minérale et les menuiseries sont à triple vitrage et dotées de stores extérieurs pour gérer les apports passifs, l'été. Un effort a également été porté sur les performances acoustiques, en réalisant le concept de la boîte dans la boîte.

© Le Toit Vosgien

L'opération est passive par sa conception (besoins de chauffage inférieurs à 15 kWh/m^2.an) puis positive grâce à sa production d'électricité photovoltaïque par panneaux intégrés aux toitures (1 000 m^2 pour 143 kWh) ; la production représente environ 38,2 kWh/m^2.an en énergie primaire. Le chauffage de chaque logement est assuré par une VMC double flux individuelle avec échangeur et batterie électrique de 2,2 kW. L'eau chaude sanitaire est produite par des capteurs solaires thermiques collectifs alimentant des ballons individuels de 200 à 400 litres selon les logements, l'appoint étant produit par une chaudière collective gaz à condensation de 25 kW et une cogénération gaz de 12,5 kW thermique et 4,7 kW électrique.

Réalisations labellisées BBC-Effinergie

Centre administratif très basse consommation

Maître d'ouvrage : Communauté de communes des Corbières en Méditerranée
Architecte : Perris.perris Architectes – Bureau d'études : ETB

Ce projet a été retenu dans le cadre de l'appel à projets « bâtiments basse consommation d'énergie – Effinergie » lancé par l'Ademe et la Région Languedoc-Roussillon en 2007. Il concerne la réhabilitation d'un bâtiment existant et la construction d'un nouveau bâtiment (SHON 881 m+2, SU 676 m+2), dans le cadre d'une démarche HQE à Sigean.

Enveloppe thermique

- Structure : bardage bois isolé par 15 cm de laine de cellulose projetée ($R = 3,75$ m+2.K/W) – mur béton de 20 cm isolé par 15 cm de laine de cellulose projetée à l'intérieur ($R = 3,75$ m^2.K/W)
- Plancher bas de l'extension sur terre plein : dalle béton isolée sous toute la surface par 10 cm de mousse de polyuréthane ($R = 4$ m^2.K/W)
- Plancher bas sur vide sanitaire : dalle béton isolée sous toute la surface par 10 cm de mousse de polyuréthane ($R = 4$ m^2.K/W)
- Plafond existant : plafond en tôle métallique étanchée, isolé par 30 cm de laine de cellulose projetée ($R = 7,5$ m^2.K/W)
- Plafond extension : bac acier isolé par 30 cm de laine de cellulose projetée ($R = 7,5$ m^2.K/W) + 8 cm de mousse de polyuréthane ($R = 3,2$ m^2.K/W)
- Vitrage : menuiseries bois et doubles vitrages peu émissifs ; menuiseries aluminium à rupture de ponts thermiques et doubles vitrages peu émissifs.

© Effinergie - Perris Architectes

Équipements

- Chauffage – refroidissement : ventilo-convecteurs 4 tubes reliés à un groupe de production d'eau chaude et d'eau glacée (pompe à chaleur air/eau réversible) pour les bureaux et la salle de réunion – COP nominal = 2,87 et EER nominal = 3,12. Centrale de traitement d'air pour la salle de spectacles. Panneaux rayonnants pour les sanitaires.
- Ventilation : ventilation double flux pour les bureaux et la salle de réunion, simple flux pour les sanitaires et les circulations, centrale de traitement d'air double flux à débit variable
- Éclairage : puissance installée = 6,6 W/m^2
- Photovoltaïque : 27 kWc intégré en toiture

Réhabilitation thermique de 6 logements anciens

Maître d'ouvrage : OPAC du Grand Lyon
AMO : Enertech
Architectes : Fleurent – Burelier – Valette
Bureau d'études fluides : Eolys
Suivi énergétique : CAP3SI

Cette opération de réhabilitation a été retenue dans le cadre de l'appel à projets PREBAT « bâtiments démonstrateurs », catégorie bâtiments à réhabiliter, avec pour objectif d'atteindre au maximum 96 kWh/m^2.an de consommation énergétique tous usages (label Effinergie réhabilitation) et/ou une réduction de l'ensemble des consommations énergétiques par un facteur 4. L'immeuble, situé en plein cœur de Lyon (secteur ABF), est composé de 9 logements et d'un commerce au rez-de-chaussée.

Enveloppe thermique

- Murs : isolation thermique par l'extérieur 14 cm en polystyrène expansé plus enduit.
- Combles : isolation par 30 cm de laine minérale
- Plancher sur le local commercial : isolation sous chape par des panneaux résilients en laine de roche incompressible de 4 cm
  (R > 1,10 m^2.K/W)
- Menuiseries en bois avec triple vitrage (U < 1,1 m^2.K/W)
- Lames brise-soleil orientables en aluminium laqué.

Équipements

- Chauffage : chaufferie collective gaz naturel à condensation pour le bâtiment principal, individuel pour le duplex sur cour
- Ventilation double flux avec récupération d'énergie, échangeur rotatif
- Chasse d'eau double débit, mousseurs auto-régulés sur douches, éviers, lavabos, douchettes à effet venturi

Réfection totale des installations sanitaires et électriques, avec dispositifs d'économie d'énergie.

Résultats des simulations thermiques du projet
Chauffage : 26 kWh/m^2.an
Eau chaude sanitaire : 20 kWh/m^2.an
Ventilation : 18 kWh/m^2.an
Éclairage : 6 kWh/m^2.an
Total : 70 kWhep/m^2.an, soit – 30 % par rapport à l'objectif PREBAT

Une consommation globale inférieure à 35 kWh/m².an

Maître d'ouvrage : Moyse
Architecte : Michelle Bourgeois

Depuis 2008, Moyse propose toutes ses maisons sur mesure en BBC-Effinergie. Cette réalisation a reçu la médaille d'or du Challenge UNCMI dans les catégories « Nature G » et « Design », elle allie donc qualité environnementale et esthétique.

Les moyens mis en œuvre

- Briques monomur sur la façade nord
- Ossature bois avec isolation renforcée, panneaux de 14 cm de cellulose
- Isolation de la toiture zinc par panneaux de cellulose (R = 3,68 m².K/W)
- Plancher bas : chape flottante fortement isolée (R = 2,60 m².K/W)
- Larges baies vitrées orientées sud, menuiseries bois, doubles ou triples vitrages selon les orientations
- Toiture végétalisée
- Récupération des eaux pluviales
- Capteurs solaires thermiques
- Système intégrant une chaudière à condensation, alimentant un plancher chauffant basse température, et une micro-génération d'électricité
- Ventilation hygroréglable avec prétraitement de l'air neuf, préchauffé ou rafraîchi, par un puit canadien hydraulique.
- Récupération d'eau de pluie : 600 litres par m² de toiture
- Station gaz naturel pour véhicule
- Bassin aquatique avec plantations de végétaux

123

Des logements sociaux BBC-Effinergie

Maître d'ouvrage : Pluralis Habitat
Architecte : Vincent Rigassi

Constructeur d'habitat social en location, Pluralis a réalisé 6 logements sociaux pour la commune de La Terrasse, répartis en deux bâtiments : résidence La Petite Chartreuse.

Les moyens mis en œuvre sont les suivants.

- Ossature bois
- Triple vitrage
- Isolation fibres de bois : 32 cm sur les murs, 36 cm au plafond
- Film multicouche perméable à la diffusion de vapeur et étanches à la pluie.
- Panneaux solaires thermiques
- Ventilation double flux
- Puits canadien

Le confort thermique est assuré par un système de ventilation double flux associé à une pompe à chaleur raccordée à des capteurs solaires thermiques. L'air neuf est préchauffé ou rafraîchi par un puits canadien. Les capteurs solaires thermiques couvrent également 56 à 59 % des besoins annuels en eau chaude sanitaire.

Consommation d'énergie : 84 250 kWh (habitat standard : 311 000 kWh)

CO_2 émis : moins 22 400 équivalent kg CO_2 (habitat standard : 83 550 équivalent kg CO_2)

Maisons et immeubles de logements certifiés

Certification Habitat & Environnement

Procédé constructif bois

Résidence du Cèdre à Obernai (67)
Maître d'ouvrage : Seml Obernai Habitat
Architecte : Régis Mury

La résidence du Cèdre, à Obernai, est un programme de 27 logements sociaux venant se substituer à une « barre ». Les deux bâtiments, occupant les franges nord et sud de la parcelle afin de ménager l'espace vert central, ont été l'objet d'une conception bioclimatique : orientation sud, compacité, distribution des espaces intérieurs, répartition des ouvertures, protections solaires fixes et mobiles, etc. Le procédé constructif est basé sur des composants bois fabriqués en Forêt-Noire (éléments de murs, dalles, supports de couverture, etc.), associés à des menuiseries bois, une isolation extérieure en laine de bois et des toitures végétalisées. Les équipements thermiques sont eux aussi à haute performance environnementale : chaudière gaz à condensation, ventilation double-flux, eau chaude solaire, panneaux photovoltaïques.

La consommation conventionnelle moyenne d'énergie des logements est estimée à 98 kWh/m^2.an et la consommation moyenne en chauffage à 32 kWh/m^2.an.

Certifications Qualitel THPE et Habitat & Environnement

Puits canadien et VMC double-flux

Résidence Ventadour à Limoges (87)
Maître d'ouvrage : OPH Limoges Métropole
Architecte : Agence Saint Projet

Les 26 logements de l'opération Ventadour sont dotés d'une double structure, béton poteaux-poutres et ossature bois, les façades étant protégées par un bardage en Douglas, bois ne demandant pas d'entretien. Un test de perméabilité à l'air a été effectué sur un logement en cours de réalisation, ce qui a permis de repérer les défauts d'étanchéité et de les corriger. Outre la qualité de l'enveloppe, l'efficacité énergétique de cette opération, qui a permis l'obtention du label THPE, est due à l'éclairage naturel de toutes les pièces et parties communes, à la chaufferie collective à condensation avec individualisation dans chaque logement par un thermostat programmable, à une production d'eau chaude collective solaire, à un puits canadien raccordé à une VMC double-flux diffusant l'air rafraîchi ou préchauffé. Un automate en chaufferie assure un relevé des différentes consommations, ainsi que celui des apports des capteurs solaires et du puits canadien. Par ailleurs, le traitement de la zone parking favorise l'infiltration des eaux de pluie et trois conteneurs enterrés incitent au tri sélectif des déchets ménagers.

Toutes les réalisations à faible consommation d'énergie mettent en œuvre les mêmes solutions techniques.

Promoteur certifié NF – Logement démarche HQE

Logements durables : maîtrise de l'énergie et de l'eau

Les Jardins d'Ovalie à Montpellier (34)
Promoteur : Corim
Architecte : Jérôme Rio

Le programme « Les Jardins d'Ovalie » à Montpellier a obtenu la Pyramide d'Argent catégorie « Logement Durable » 2008 décernée lors du salon de l'immobilier de Montpellier. Son promoteur, la société Corim, est certifié NF – Logement démarche HQE. Cette opération est composée de 33 logements (du T2 au T4 duplex) répartis sur deux bâtiments, au cœur d'un quartier doté de nombreux espaces verts et de crèche, école, collège, médiathèque, commerces, et transports en commun.

La maîtrise de l'énergie et de l'eau a été particulièrement étudiée. Ainsi, la résidence est dotée :

- ▷ d'une production d'eau chaude sanitaire solaire (capteurs sur toitures terrasses), avec appoint électrique et individuel ;
- ▷ d'espaces communs équipés de capteurs de présence afin de limiter la consommation d'électricité ;
- ▷ de patios intérieurs permettant d'éclairer naturellement coursives et escalier central, ainsi que les salles de bains et cuisines intérieures ;
- ▷ de loggias couvertes et de brise-soleil sur les terrasses permettant de préserver le confort d'été naturellement ;
- ▷ d'une robinetterie équipée d'un système de limitation de débit ;
- ▷ d'espaces verts plantés d'espèces économes en eau.

Certification Patrimoine Habitat & Environnement

Après rénovation : une consommation < à 104 kWh/m².an

Résidence Saint-Exupéry à Saint-Omer (62)
Maître d'ouvrage public : Pas-de-Calais habitat
Architecte : Abscisse Architecture – Lecroart Associés

Le bailleur social, Pas-de-Calais habitat, s'est engagé à obtenir la certification Patrimoine habitat & environnement pour l'ensemble de ses programmes de réhabilitation-amélioration, soit 1 500 logements par an sur 10 ans. Après leur rénovation, ces logements collectifs ne consomment pas plus de 104 kWhep/m².an (pondération des 80 kWhep/m².an du niveau BBC par le coefficient 1,3 pour la zone climatique nord). Construits il y a plus de 30 ans, ils respectent la réglementation thermique applicable à ce jour aux logements neufs.

Cette résidence comporte 5 bâtiments de 6 niveaux pour 204 logements. Pas-de-Calais habitat a choisi 7 thèmes, sur les 11 thèmes génériques du référentiel Patrimoine Habitat & Environnement, avec un niveau de performance élevé (sur 6 nécessaires dont 4 imposées) :

- management environnemental : participation des partenaires techniques à l'élaboration du projet à chaque phase ;
- performance énergétique : réfection et amélioration de l'isolation thermique, installation d'une ventilation hygroréglable ;
- sécurité incendie : installation d'un désenfumage dans chaque cage d'escalier et de portes coupe-feu entre les halls et les circulations des caves ;
- équipement et confort des parties communes : restructuration des halls, réfection des embellissements, installation d'un contrôle d'accès aux parties communes, de détecteurs de présence pour l'éclairage ;
- équipement technique des logements : remplacement des chauffe-bains, des sanitaires et de la robinetterie des cuisines, salles de bains et toilettes ;
- chantier propre : charte de chantier propre et suivi sur site ;
- gestes verts : remise à chaque locataire du livret des bonnes pratiques

EXEMPLES D'OPÉRATIONS CERTIFIÉES OU LABELLISÉES

Constructeur certifié NF Maison individuelle – démarche HQE

Un constructeur alsacien fortement engagé dans l'environnement

Constructeur de maisons individuelles : Maisons Hanau

Cette maison, baptisée Artemis, a obtenu la 1re certification NF Maison individuelle – démarche HQE en septembre 2006. Son constructeur Maisons Hanau était déjà certifié NF Maison individuelle depuis 2001. Cette réalisation, dont le constructeur a voulu faire une vitrine, obtient 93 points sur un total possible de 110 dans le référentiel.

Les principaux moyens mis en œuvre :

▶ Intégration dans le site : analyse du site par les techniciens Maisons Hanau selon 63 points de contrôle et d'évaluation

▶ Matériaux respectueux de l'environnement : par exemple bois de la charpente massive en provenance de forêts de la région dont la gestion durable est certifiée

▶ Isolation renforcée, large surface vitrée au sud

▶ Pompe à chaleur et plancher chauffant, cheminée à foyer fermé en appoint

▶ 4 m² de panneaux solaires thermiques

▶ Ventilation double flux, puits canadien

▶ Chantier vert

▶ Qualité de l'air : choix des revêtements et peintures, aspiration centralisée

▶ Récupération des eaux pluviales pour arroser le jardin

▶ Organisation du tri des déchets et compostage des déchets verts

© Maisons Hanau

Un constructeur aveyronnais visant l'énergie positive

Constructeur de maisons individuelles : Les Gloriettes

« Les terres du sud » compose un écolotissement pilote issu d'une réflexion conjointe entre « Les lotisseurs ruthénois », « Les Gloriettes » et la commune de Sainte Radegonde (Midi-Pyrénées). Les 44 maisons sont certifiées certification NF Maison Individuelle – démarche HQE, dont 8 BBC/Effinergie (49 kWh/m^2.an), et une maison du lotissement expérimente la notion d'énergie positive.

Les principaux moyens mis en œuvre :

- Enveloppe étanche à l'air
- Murs extérieurs en brique + mousse de polyuréthane
- Combles perdus isolés en laine de coton
- Rupteur de pont thermique en bout de dalle des planchers intermédiaires
- Doubles vitrages à isolation renforcée, menuiseries alu à rupture de pont thermique pour un plus grand clair de jour
- Système de ventilation très basse consommation
- Pompe à chaleur
- Panneaux solaires thermiques
- Panneaux solaires photovoltaïques (en option)
- Économiseurs d'eau
- Gestion des eaux pluviales à la parcelle en les récupérant dans des noues
- Éclairage public photovoltaïque

© Les Gloriettes

EXEMPLES D'OPÉRATIONS CERTIFIÉES OU LABELLISÉES

Bâtiments tertiaires certifiés

NF Bâtiments tertiaires – démarche HQE

Air France : un bâtiment logistique HQE

Maître d'ouvrage : Air France
Architecte : Bernard Valero – Frédéric Gadan
AMO : Elan
Bureau d'études : Ingerop

Air France a réhabilité un ensemble de bâtiments en zone industrielle nord d'Orly : opération « ORYzon 2010 – Magasin central et bureaux ». Un bâtiment neuf, comprenant des ateliers, des entrepôts et des bureaux, a également été construit sur une parcelle de 11 044 m².

Principales cibles HQE prises en compte :

▶ Cible 1 et cible 9 : prise en compte des contraintes acoustiques au niveau du plan masse.

▶ Cible 2 : prise en compte d'une extension future du projet en surdimensionnant le bassin de rétention et en choisissant une façade légère à structure métallique pour les entrepôts.

▶ Cible 4 : enveloppe performante (Ubat réf - 6 %), boucle d'eau chaude du réseau de chaleur d'Orly (incinération des ordures ménagères), ventilation double flux avec récupération de chaleur, ateliers et entrepôts non rafraîchis, détecteurs de CO_2 dans les salles de réunion, détecteurs de présence associés à l'éclairage extérieur, régulation par zones au moyen d'une GTC – C = Créf – 27,7 %.

▶ Cible 7 : comptage énergétique par local et par usage, indicateurs de colmatage des filtres, suivi des consommations d'éclairage par zone, des consommations de froid, de chauffage et d'eau. Facilité d'accès aux systèmes techniques pour leur entretien et maintenance.

▶ Cible 10 : optimisation de l'éclairement naturel, vue des bureaux sur la toiture végétalisée, niveaux d'éclairage artificiel ajustés selon les usages, appareils basse luminance dans les bureaux.

© Air France

1er centre hospitalier certifié

Maître d'ouvrage : Eiffage
Architecte : Groupe 6
Partenariat Public Privé
Groupement de conception-construction

Ce centre hospitalier sud francilien, situé à cheval sur les villes de Corbeil-Essonnes et d'Evry (91), d'une surface utile de 110 000 m² pour accueillir plus de 1 000 lits, sera livré le premier trimestre 2011.

Principales cibles HQE prises en compte :

▶ Cible 1 : bâtiment adapté à la pente naturelle du terrain afin de permettre un accès de plain pied sur trois niveaux de l'hôpital, espaces verts extérieurs, terrasses végétalisées, orientation de façon à atténuer les nuisances sonores des voies de circulation, desserte par transports en commun.

▶ Cible 3 : aire de lavage des véhicules de chantier, passage régulier d'une balayeuses sur les voiries, systèmes de décantation des eaux de lavage des bennes à béton, tri des déchets sur le chantier et dans les bases de vie, sensibilisation des personnes d'encadrement et de chantier.

▶ Cible 4 : isolation par l'extérieur, production énergétique en trigénération biomasse (production d'électricité couvrant 10 % des besoins).

▶ Cible 5 : systèmes hydro-économes, récupération des eaux pluviales pour l'arrosage des espaces verts, refroidissement par tours Trillium économisant plus 80 % d'eau.

▶ Cible 14 : désinfection préventive du réseau d'eau potable (injection de dioxyde chlore – Securox), choc thermique en complément, absence de stockage d'eau chaude sanitaire, purge automatique sur horloge du réseau, contrôles des températures par sondes reliées à la GTC (gestion technique centralisée), alimentations des salles de bains d'une longueur maximum de 6 m.

Centre commercial économe en énergie, eau et déchets

Maître d'ouvrage : Altarea Cogedim
Architecte : Cabinet Valode et Pistre
AMO HQE : Alto Ingénierie
Bureaux d'études : As Mizrahi, Serted, AE 75, L'Observatoire, Peutz

OKABE, centre commercial et d'affaires, situé à Kremlin-Bicêtre (94), se décompose en 45 000 m² pour le centre commercial, 27 000 m² de bureaux et un parking. L'objectif de la Ville est de concourir à la redynamisation du centre ville en créant un nouveau quartier de vie à vocation commerciale, proche de la Porte d'Italie (Paris).

Principales cibles HQE prises en compte :

- Cible 1 : création de tunnels et d'accès automobiles dédiés au centre, transports en commun et liaisons douces, place aménagée à l'entrée, jardins patios en toiture, aire de livraison enterrée, traitements acoustique des rampes d'accès et des équipements techniques extérieurs.
- Cible 4 : bureaux placés sur le centre, isolation par l'extérieur, boucle d'eau à température constante réchauffée par des chaudières gaz et rafraîchie par des aérocondenseurs secs adiabatiques, éclairage du mail graduable. C = Créf – 22 %.
- Cible 5 : systèmes hydro-économes, récupération des eaux pluviales (800 m³), rétention des eaux pluviales mutualisée à l'échelle de la ZAC.
- Cible 6 : plusieurs bennes de tri, compacteurs, accès dédié aux camions, déchets valorisés.
- Cible 7 : comptage, programmation, régulation et suivi des défauts des équipements techniques par une GTB (gestion technique des bâtiments).

© Alterea Cogedim

Lycée certifié aux trois phases

Maître d'ouvrage : Conseil Régional d'Aquitaine
Architecte : Atelier Colas – BDM
AMO HQE : Imbe
Bureau d'études fluide : Cap Ingelec
Bureau d'études acoustique : Viam

Ce lycée, situé à Blanquefort (33), est le premier à avoir été certifié aux 3 phases : programmation, conception, exploitation. C'est un nouveau lycée des métiers de 18 000 m² qui accueillera à terme 1 300 élèves, incluant les niveaux du CAP au BTS, pour devenir le 2e grand lycée du bâtiment en région Aquitaine.

Principales cibles HQE prises en compte :

▶ Cible 1 : équilibre entre zones perméables et imperméables, réduction des besoins d'arrosage et amendements naturels du sol, jardins d'eau et caniveaux avec plantes à macrophytes, toitures végétalisées

▶ Cible 10 : optimisation des apports d'éclairage naturel. Éclairage : 6,3 kWh/m².an

▶ Cible 4 : gestion de l'énergie

Solaire passif : 700 m² de vitrages apportant 200 kWh/m².an, soit 140 000 kWh

Eau chaude et chauffage solaire (plancher solaire direct du gymnase) : 120 m² de capteurs apportant 400 kWh/m².an, soit 48 000 kWh

Photopiles : 140 m² apportant 15 000 kWh/an

Chaudière bois (750 kW) assurant plus de 50 % des besoins de chauffage, avec en complément chaudières gaz à condensation et basse température. Chauffage : 36 kWh/m².an.

Immeuble de bureaux à énergie positive

Maître d'ouvrage : Bouygues Immobilier
Architecte : Atelier 2 M
AMO HQE : Tribu – Bureau d'études : Arcoba

L'immeuble de bureaux Green Office de 23 300 m², situé à Meudon, présente de nombreuses innovations qui préfigurent le bâtiment tertiaire des années à venir. Il est notamment à énergie positive : il produit plus d'énergie qu'il n'en consomme pour son fonctionnement, tous usages confondus.

▶ Production : 64 kWh/m².an

électricité (photovoltaïque + biomasse) : 41 kWh/m².an et chaleur par chaufferie biomasse : 23 kWh/m².an.

▶ Consommation : 62 kWh/m².an

électricité : 38 kWh/m².an

chauffage : 23 kWh/m².an.

Principales cibles HQE prises en compte :

▶ Cible 1 : conception des espaces verts en cohérence avec la forêt de Meudon voisine, emplacements vélo (1 place pour 10 employés)

▶ Cible 3 : charte chantier à faibles nuisances

▶ Cible 5 : récupération des eaux pluviales pour l'arrosage et les chasses d'eau

▶ Cible 10 : optimisation de l'éclairage naturel, éclairage d'ambiance diffus complété par un dispositif d'éclairage focalisé sur les postes de travail

▶ Cible 4 : conception bioclimatique poussée privilégiant l'éclairage et la ventilation naturelle, favorisée par une profondeur maîtrisée du bâtiment. Isolation par l'extérieur, triple vitrage argon peu émissif – Ventilation double flux avec récupération de chaleur en hiver, ventilation naturelle par ouvrants motorisés en été – Confort d'été assuré de façon entièrement naturelle (surventilation nocturne et brasseurs d'air), persiennes et stores à lamelles effaçables ou relevables sur toutes les façades – Chauffage : cogénération HVP (huile végétale pure) – Production d'électricité renouvelable : 4 200 m² de panneaux photovoltaïques sur les façades en allège, en brise soleil et sur la toiture, en abri de parking sur les places de stationnements extérieures + cogénération – Extinction automatique de l'éclairage en cas d'absence voir tableau des cibles HQE page 139)

© Bouygues Immobilier

Bureaux de la DDAF de l'Aube : démarche HQE

Maître d'ouvrage : Direction départementale de l'agriculture et de la forêt de l'Aube (ministère de l'Agriculture)
Maître d'œuvre mandataire, Dominique Tessier, architecte DPLG ; paysagiste : Comptoir des projets
Bureau d'études : GEC Ingénierie

La DDAF de l'Aube, située à Troyes, de 2 507 m² regroupe des bureaux, espaces d'accueil et de formation. Construit en bords de Seine, le projet s'intègre dans un aménagement d'ensemble comprenant des parkings paysagés, des jardins et un bassin de rétention. Le bâtiment explore les possibilités offertes par la mise en œuvre de panneaux porteurs en bois massif reconstitué de grandes dimensions.

Principales cibles HQE prises en compte :

- Cible 1 : plan masse optimisé, bâtiment compact permettant l'aménagement de grands espaces paysagés ; relations aux riverains optimisées, vues dégagées, et locaux éclairés naturellement.

- Cible 2 : la structure du bâtiment en bois procédé KLH (poteaux, voiles et planchers en bois massif) apparente dans les locaux. La qualité des espaces intérieurs est liée au choix du matériau de construction.

- Cible 3 : charte chantier à faibles nuisances, chantier « sec » et de durée optimisée ; les éléments de la structure (poteaux, voiles et planchers en bois massif type KLH), ont été préfabriqués puis montés intégralement en 6 semaines.

- Cible 4 : enveloppe performante, avec isolation par l'extérieure sur paroi bois massif.

- Cible 5 : récupération des eaux pluviales des toitures et des voiries ; toiture-terrasse végétalisée, bassin de rétention.

- Cible 10 : optimisation de l'éclairement naturel, orientation des vue des locaux sur la Seine.

Cible 1	relation harmonieuse des bâtiments avec leur environnement immédiat	Cible 8	confort hygrothermique
Cible 2	choix intégré des procédés et produits de construction	Cible 9	confort acoustique
Cible 3	chantier à faibles nuisances	Cible 10	confort visuel
Cible 4	gestion de l'énergie	Cible 11	confort olfactif
Cible 5	gestion de l'eau	Cible 12	conditions sanitaires
Cible 6	gestion des déchets d'activité	Cible 13	qualité de l'air
Cible 7	entretien maintenance	Cible 14	qualité de l'eau

SITOGRAPHIE

Certifications ou labels	Organismes	Sites Internet
Qualitel Habitat & Environnement NF Logement NF Logement – démarche HQE Patrimoine Habitat Patrimoine habitat & environnement	Qualitel – Cerqual	www.qualitel.org www.cerqual.fr
NF Maison Individuelle NF Maison Individuelle – démarche HQE	Céquami	www.cequami.fr
Performance Rénovation énergétique	Promotelec	www.promotelec.com
Minergie Minergie P Minergie Eco Minergie P Eco	Prioriterre	www.prioriterre.org
Passivhaus	La Maison Passive	www.lamaisonpassive.fr
BBC-Effinergie	Qualitel – Cerqual Céquami Promotelec Certivéa	www.effinergie.org
NF Bâtiments tertiaires – démarche HQE	Certivéa	www.certivea.fr

MINERGIE   MINERGIE-P